Vom Mitarbeiter zur Führungskraft

Peter Werth

Vom Mitarbeiter zur Führungskraft

Ein Handbuch für professionelles Führen

effekt! BUCH

Die Deutsche Nationalbibliothek
verzeichnet diese Publikation
in der Deutschen Nationalbibliografie;
detaillierte bibliografische Daten sind im Internet
über http://dnb.d-nb.de abrufbar.

3. Auflage 2025

Gesamtherstellung: Effekt! GmbH, Neumarkt (BZ),
www.effekt.it

Printed in Italy
ISBN 978-88-97053-70-5

Inhalt

1 Vorwort

»Ich bin schon so lange *Executive Chef*, wie du alt bist.« Mit dieser Aussage wurde ich nach meinem ersten Abteilungsleiter-Meeting konfrontiert. Mein damaliger Chefkoch wollte damit zum Ausdruck bringen, dass er seit über 30 Jahren in dieser Position sei, er seinen Job in- und auswendig beherrsche und ich mit meinen 30 Jahren nicht meinen solle, das Rad neu erfinden zu müssen.
Aber genau das wollte ich tun! Ich wollte mich beweisen, wollte es meinen Kritikern, meinem Mentor und natürlich in erster Linie mir selbst beweisen, dass ich mit meinen jungen Jahren das Personal eines Kreuzfahrtschiffs mit über 1500 Passagieren sowie knapp 400 Mitarbeitern aus 25 Nationen führen kann.
Nun aber hatte mich dieser eine Satz unsanft auf den Boden der Tatsachen zurückgeholt, meine Euphorie gedämpft und mich am ersten Tag schon zweifeln lassen, ob ich meiner neuen Herausforderung überhaupt gewachsen sei. Und er hatte mich bereits an meinem ersten Tag eines gelehrt: Ich werde nur bestehen, wenn es mir gelingt, meine Mitarbeiter so zu führen, dass sie mir vertrauen und hinter mir stehen.
Dieses erste Abteilungsleiter-Meeting war für mich also sehr prägend. Vor mir saßen zwölf Abteilungsleiter, durch die Bank alle um einiges älter als ich. Darunter befanden sich auch zwei, die eigentlich auf meinem Platz sitzen wollten. Mir war sofort klar, dass es nicht allein auf meine fachliche Kompetenz ankommen würde. Vielmehr musste ich auf persönlicher Ebene überzeugen, sonst hatte ich keine Chance.
Auf der persönlichen Ebene überzeugen! Genau um das geht es unter anderem in diesem Buch. Junge Führungskräfte begehen oft den Fehler, sich zu sehr auf ihre fachlichen Stärken und Kompetenzen zu konzentrieren, und dabei vernachlässigen sie die menschliche Ebene.

- Als Einstieg in dieses Buch behandeln wir das Thema Veränderung. Was wird sich in Ihrem beruflichen Leben ändern, wenn Sie aus der Rolle eines Mitarbeiters in die einer Führungskraft wechseln?
- Wir beantworten die Frage, wie man seinen eigenen *Führungsstil* entwickelt und was Ihr Vorgesetzter von Ihnen erwarten wird.
- Es sind Ihre Entscheidungen und nicht die Umstände, die Ihr Schicksal bestimmen. Aus diesem Grund widmen wir uns in diesem Buch auch dem wichtigem Thema, *Entscheidungen* zu treffen.
- Wir gehen auf die Frage ein, wie man Mitarbeiter motiviert und wo die Unterschiede liegen zwischen erfolgreichen Führungskräften und denen, die es gerne wären, ohne es wirklich zu sein.
- Sie werden einiges über die Bedeutung des *Führens von Mitarbeitern* anhand von Zielen lernen sowie über das Dilemma der *Kommunikation*.
- Sie bekommen die richtigen *Tools* für eine moderne Führungskraft an die Hand, wie etwa Zeit- und Selbstmanagement.
- Und Sie werden etwas lernen über das Priorisieren und die richtige Art zu delegieren.
- Sie werden Ihre Mitarbeiter besser kennenlernen sowie Ihr eigenes Potenzial und Talent schneller erkennen und somit beides erfolgversprechender einsetzen.
- Auch für Teambesprechungen, Feedback-Gespräche, Zielvereinbarungen, Moderationen, Abmahnungen oder Kündigungen wird Ihnen dieses Buch eine entsprechende Hilfestellung liefern.

Mit dem Kauf dieses Buches haben Sie bereits eines bewiesen: Sie sind bereit, Zeit und Energie zu investieren, um etwas Neues zu lernen, denn es geht um genau das: Ihre Bereitschaft, als Führungskraft lebenslang zu lernen.

Dieses Buch ist in Kapitel unterteilt, die Sie je nach Bedarf einzeln für sich und jederzeit auch unabhängig voneinander lesen können.
Aus Gründen der Lesbarkeit wird nachfolgend stets die männliche Form für »Mitarbeiter«, »Teamleiter« usw. verwendet. Selbstverständlich aber richtet sich dieses Buch an alle Führungskräfte – gleichgültig ob »m/w/d«.

2 Der Tag der Beförderung

Es ist geschafft! Der erste und so wichtige Sprung auf die nächste Stufe der am Anfang noch so unendlich hoch scheinenden Karriereleiter ist bewältigt: die Beförderung zum Manager, zum Teamleiter oder Projektleiter. Glückwunsch!

In Gedanken mag man sich bereits ausmalen, wie wohl der neue Titel unter dem Namen in der E-Mail-Signatur aussieht. Oder man denkt vielleicht an die neue Visitenkarte, auf der nun endlich eine »vorzeigbare« Position unter dem Namen steht. Und man freut sich schon darauf, diese Nachricht der Familie und den Freunden mitzuteilen.

Auch der Gedanke an die Gehaltserhöhung liegt nahe, und unweigerlich verfällt man ins Träumen, was man sich nun vielleicht alles wird leisten können: ein größerer Wagen vor der Tür, endlich raus aus der WG, endlich die eigene Wohnung. Vielleicht auch: »Nachdem diese Beförderung geklappt hat: Was kommt nun als nächstes?«

Man ist stolz auf sich. Und das zu Recht. Man hat sich bewiesen, man hat seinen Job gut gemacht, sonst hätte man diese Beförderung bestimmt nicht bekommen. Und man freut sich auf das, was vor einem liegt.

Insgeheim hat sich aber auch schon während der Beglückwünschungen immer wieder eine leise Stimme gemeldet: »Schaffe ich den neuen Job überhaupt, bin ich der Verantwortung wirklich gewachsen? Und ich weiß doch so vieles noch nicht.« Von der Familie und den Freunden gibt es so viel Zuspruch, dass es ja eigentlich nicht schiefgehen kann.

Doch je ruhiger der Abend, desto lauter lässt sich die Stimme vernehmen: »Was, wenn es nun doch nicht klappt, was, wenn mich meine Mitarbeiter nicht akzeptieren, was, wenn der Kollege, der auf diese Beförderung für sich so lange gewartet hat, mir Steine

in den Weg legen wird?« Und immer Neues geht einem durch den Kopf, das schieflaufen könnte.
Aber dann bringt man die Stimme doch zum Verstummen, und zwar mit zwei ganz einfachen Überlegungen: »Die werden sich schon etwas dabei gedacht haben, als sie mich befördert haben!« Und dann der Spruch, der für jede junge Führungskraft gilt: »Es ist noch kein Meister vom Himmel gefallen.« – Damit ist Ihre erste Hürde bereits übersprungen.

2.1 Wie bereite ich mich auf den Tag X bestmöglich vor?

Die wichtigste Regel vorweg: Machen Sie sich nicht selbst verrückt! – Freilich, das ist viel leichter gesagt als getan.
Aber es gilt: Wähle deine Gedanken so sorgfältig wie deine Kleidung, denn sie sind es, die dein Handeln bestimmen. Und dein Handeln bestimmt, wer du bist.
Selbstkonditionierung ist das Stichwort, um das es hier geht. Wie in jeder Lebenslage, kann man alles sowohl in einer zuversichtlichen Grundstimmung angehen als auch alles negativ sehen und überall nur Probleme suchen – die man dann mit Sicherheit auch finden wird. Dabei spielt Ihr persönliches *Mindset* eine ganz wesentliche Rolle.
Was bedeutet dieser Begriff *Mindset* konkret? Er steht im Englischen für »Mentalität« und bezeichnet eine hervortretende psychische Eigenschaft im Sinn eines Denk- und Verhaltensmusters einer Persönlichkeit. Mit anderen Worten: Es geht um Ihre persönliche Einstellung und darum, wie Sie die Welt sehen. Arthur Schopenhauer, ein deutscher Philosoph, traf den Nagel mit folgendem Satz auf dem Kopf: »Bei gleicher Umgebung lebt doch jeder in einer anderen Welt.«
Wenn Sie an Ihre neue Herausforderung denken, könnte sich der Gedanke einschleichen: »Es wird nicht einfach werden, diese neue Herausforderung zu bestehen.« Versuchen wir für einen Moment, diesen Satz und den Gedankengang, der dahinter liegt, zu analysieren. Eine mögliche Herangehensweise wäre die, dieser

Aussage zu hundert Prozent Glauben zu schenken, ohne sie auch nur ansatzweise zu hinterfragen – mit Sicherheit kommt dies am häufigsten vor.
Sie könnten es aber auch einmal auf eine andere Weise angehen und sich folgende Frage stellen: »Ist diese Überlegung für mein Vorhaben nützlich? Oder hemmt sie es?« Wie Sie schnell erkennen können, ist sie Ihren Absichten nicht gerade förderlich. Und sie ist und bleibt auch erst einmal nur ein Gedanke, mehr nicht.
Fragen Sie sich einmal, woher Sie wissen, dass Ihre Annahme überhaupt zutrifft. Sofort werden Sie feststellen, dass Sie es im Grunde noch gar nicht wirklich wissen können, ob das, was da auf Sie zukommt, einfach sein wird oder nicht. Schließlich sehen Sie sich dieser neuen Herausforderung ja zum ersten Mal in Ihrem Leben gegenüber.
Dazu noch ein weiteres persönliches Beispiel: Ich war lange davon überzeugt, nicht vor vielen Menschen sprechen zu können. Als es dann irgendwann soweit war und ich mit einem Mikrophon eine Bühne betreten musste, wurden in mir die Zweifel laut: »Ich kann das nicht!« Oder: »Das wird bestimmt sehr schwierig werden.« Diesen Befürchtungen gab ich dann leider zu viel Raum, und somit war mein erster Bühnenauftritt alles andere als souverän. Als ich ihn im Nachhinein näher analysierte, musste ich allerdings feststellen: Obwohl ich keine Referenzwerte hatte, also noch nie zuvor auf einer größeren Bühne gestanden war und gar nicht wirklich *wissen* konnte, was auf mich zukommen würde, hatte ich mich im Hinblick auf diese Situation einfach komplett falsch konditioniert. Erst nachdem ich damit begonnen habe, mich positiv zu konditionieren, platzte der Knoten. Und Jahre danach freute ich mich auf Moderationen, bei denen ich vor mehr als 3000 Menschen sprechen durfte.
Was kann man noch konkret tun, um sich so gut wie möglich auf eine bevorstehende Herausforderung vorzubereiten?
»A healthy mind needs a healthy body.« – Auch das versteht sich als grundlegender Hinweis. Oft sind erfolgreiche Manager nicht nur mental topfit, sondern auch körperlich. Oder anders formu-

liert: Sie sind mental topfit, weil sie es auch körperlich sind. Sehen Sie darin eine Empfehlung für die Vorbereitungszeit auf den Tag X. Was genau einem nützen wird, muss jeder für sich selbst herausfinden. Viele setzen auf Sport, andere auf Yoga, wieder andere auf Meditation. Aber ganz egal, was Sie tun: Tun Sie etwas!

2.2 Der erste Eindruck

»You never get a second change for your first impression.« – Das haben wir alle schon einmal gehört. Doch ist uns die Tragweite dieser Feststellung auch wirklich bewusst? Wir urteilen in Bruchteilen von Sekunden, wie wir eine Person einschätzen, ob sie uns sympathisch oder attraktiv erscheint oder nicht. Wenn wir uns bereits in Millisekunden über so vieles ein Urteil bilden, dann können wir uns ausmalen, in welch kurzer Zeit Mitarbeiter sich eine Meinung über einen neuen Chef bilden.

Wie aber wird man zum akzeptierten Vorgesetzten, ohne bereits am ersten Tag »den Chef heraushängen« zu lassen? Und wie bekommt man es hin, an dieser neuen Herausforderung nicht gleich in den ersten zwei Wochen komplett zu scheitern? Wie oft hat man sich als Mitarbeiter über den Vorgesetzten beschwert und zu sich selbst gesagt: »Wenn ich einmal Führungskraft bin, werde ich das ganz anders machen!«

Mit einer Einstellung bin ich immer schon sehr gut gefahren: Ich habe viel beobachtet und war dankbar, von meinem Vorgesetzten lernen zu können. Jeder Mensch, der nicht gerade in eine Geschäftsführerrolle hineingeboren wird, trifft auf seinem beruflichen Lebensweg naturgemäß auf Vorgesetzte. Von *erfahrenen* Führungskräften kann man eine Menge lernen, doch sehr viel zu lernen gibt es in Wirklichkeit auch von den *schlechten* – nämlich, wie man es eben nicht machen sollte. Im Grund genommen muss man sich nur daran erinnern, was eine Führungskraft, die nicht in der Lage war, mit ihren Mitarbeitern angemessen zu kommunizieren, in einem selbst ausgelöst hat. Oder, als man sich beispielsweise ungerecht oder unfair behandelt gefühlt hat und es keine Möglichkeit gab, dies mit dem Vorgesetzten entsprechend zu klären. Deswegen: Beobachten Sie immer genau, merken Sie sich die ausgelösten Gefühle und lernen Sie, auch aus den Defiziten Ihrer Vorgesetzten Erkenntnisse für Ihr eigenes Verhalten zu gewinnen.

3 Führen als neue Herausforderung

3.1 Der Übergang vom Mitarbeiter zur Führungskraft

Sie übernehmen als neue Führungskraft ein Team? Vielleicht sogar ein Team, dem Sie zuvor bereits angehört haben? Mit der Bekanntgabe Ihrer Beförderung hat sich Ihre Gefühlswelt verändert und Sie beginnen sich mental auf Ihre neue Aufgabe vorzubereiten. Aber was heißt das konkret? Eines sollte es nicht bedeuten, nämlich dass Sie Ihrem Verstand erlauben, Ihr Kopfkino mit ausführlichen Vorstellungen darüber zu starten, was alles schief gehen könnte. Sich verrückt zu machen, wäre ein Fehler, den Sie in jedem Fall vermeiden sollten – auch wenn Ihnen dies vielleicht letztlich nicht ganz gelingen wird.

Wohin das führen kann, möchte ich Ihnen am Beispiel eines jungen Mannes verdeutlichen, der seine Laufbahn als Führungskraft nicht sehr glücklich begann. Kurz nachdem er von seiner Beförderung erfahren hatte, startete er nämlich sein Kopfkino, und er war vom ersten Tag an überzeugt, dass sich das Verhalten seiner Kollegen ihm gegenüber verändert habe. Das führte dazu, dass er den folgenden Überlegungen und Befürchtungen zu viel Bedeutung beimaß:

- Habe ich mich bereits verändert, bevor ich überhaupt befördert worden bin?
- Warum verstummen auf einmal die Gespräche, wenn ich das Büro betrete?
- Irgendwie fühle ich mich jetzt schon ausgeschlossen.
- Stimmt es also doch: »Je höher man steigt, desto einsamer wird man«?

Es ist und bleibt eine Tatsache, dass sich Ihre Gefühlswelt durch den Zuwachs an Verantwortung verändern wird – möglicherweise auch die Ihrer Kollegen. Lassen Sie jedoch möglichst nur positive

Gedankengänge zu, denn grundsätzlich entscheiden Sie alleine, wie viel Bedeutung Sie diesen Fragen zugestehen.

3.1.1 Was muss ich aufgeben? Was wird neu?

In dieser Zeit kann es passieren, dass die gemeinsamen »Abende unter Kollegen« vielleicht weniger werden und Sie möglicherweise seltener gefragt werden, ob Sie in den Pausen mit den anderen gemeinsam essen gehen möchten. Ob es so kommt, wird nicht allein von Ihnen abhängen. Akzeptieren allerdings müssten Sie es allemal.
Außerdem: Ein Kumpel zu sein, der einen deckt, wenn etwas schiefläuft, und gleichzeitig ein Vorgesetzter, das lässt sich von nun an nicht mehr miteinander vereinbaren. Das muss aber nicht zwangsläufig bedeuten, dass man keine Freunde mehr haben wird, nur weil man befördert worden ist. Eines jedoch müssen Sie von Anfang an lernen: Ihre Freundschaften dürfen Ihre zukünftigen beruflichen Entscheidungen nicht mehr beeinflussen. Das würde über kurz oder lang schiefgehen.
Eine Frage, die nun aufkommen könnte, ist, wie Sie sich auf zukünftigen Weihnachtsfeiern, Firmenfeiern oder bei ähnlichen Gelegenheiten zu verhalten haben. Meine Empfehlung diesbezüglich lautet: Bleiben Sie authentisch! Wenn Sie beispielsweise vorher schon eher der Typ waren, der bei einer Feier als letzter das Licht ausmacht, dann sollten Sie jetzt nicht den ganzen Abend mit einer Apfelsaftschorle allein in der Ecke stehen. Dazu müssten Sie sich zu sehr verbiegen. Bleiben Sie auf jeden Fall Sie selbst. Natürlich müssen Sie sich von nun an auf Firmenfeiern Ihrer neuen Position entsprechend verhalten. Das soll aber nicht bedeuten, dass Sie keinen Spaß mehr haben können.

3.1.2 Abschied nehmen von Kollegen

In der Regel beginnt ein erfolgreicher Übergang mit einem Abschied. In dieser entscheidenden Phase begehen aber viele einen

gravierenden Fehler: Sie lassen sich dafür nicht genügend Zeit, wollen direkt als Chef loslegen, hegen aber gleichzeitig noch den Wunsch, dazugehören.
Daher lautet die Empfehlung: Nutzen Sie die letzten Tage als Kollege, um sich zu verabschieden. Tun Sie dies im Bewusstsein, dass gerade eine wichtige Phase Ihres Arbeitslebens zu Ende geht. Sie haben die Möglichkeit, das Thema Ihres Abschieds sehr offensiv anzugehen. Organisieren Sie eine Kaffee-und-Kuchen-Runde, ein besonderes Treffen mit Verpflegung oder ähnliches. Lassen Sie die gemeinsam verbrachte Zeit in diesem Team Revue passieren und halten Sie so die Erinnerung an sich wach. Würdigen Sie auch entsprechend die produktive Zusammenarbeit und lassen Sie Ihre bald ehemaligen Kolleginnen und Kollegen auch gerne an Ihrer Gefühlswelt teilhaben.
Wenn Sie aber der Meinung sind, dass Ihnen das alles zu viel ist und Sie befürchten, dass dieser Schuss nach hinten losgehen könnte, sollten Sie zumindest eines dennoch auf keinen Fall versäumen:

- Verabschieden sie sich zumindest gedanklich als Kollege von Ihren Kollegen.
- Gehen Sie in sich und lassen Sie noch einmal Ihre Zeit als Mitglied in diesem Team Revue passieren.
- Lassen Sie besondere Ereignisse und Erfolge – aber auch Misserfolge – nochmals in Gedanken an sich vorüberziehen.
- Nehmen Sie ganz bewusst Abschied von dieser Zeit und freuen Sie sich auf das, was in Ihrem nächsten beruflichen Lebensabschnitt auf Sie zukommen wird.

Wachsen Sie nun schrittweise in Ihre neue Rolle als Führungskraft hinein: Abschied zu nehmen von Ihrer alten Umgebung war schon einmal ein sehr guter Anfang – aber eben auch nur ein Anfang. In der Übergangszeit von einer *neuen* zu einer *etablierten* oder zumindest einer *respektierten* Führungskraft gilt es zu verstehen beziehungsweise zu akzeptieren, dass gewisse Dinge im Leben einfach ihre Zeit brauchen.

Erfahrung kommt von erfahren, daran führt kein Weg vorbei. Aber die gute Nachricht ist, dass dies für alle gilt. Der Unterschied liegt darin, wie man Erfahrungen für sich nutzt.

Lassen Sie sich also Zeit! Am Anfang kommt es nicht auf möglichst schnelle Veränderungen an. Der erste Impuls, rasch Veränderungen herbeizuführen zu wollen, ist vollkommen verständlich. Man will sich schließlich beweisen, man will Dinge verändern, bewegen, nach vorne bringen oder endlich abschließen. Man will sich, den neuen Mitarbeitern und dem Vorgesetzten zeigen, dass mit Ihnen die richtige Person auf dem richtigen Stuhl sitzt. Das hat auch alles seine Daseinsberechtigung – aber eben alles zu seiner Zeit!

Was sehr viel wichtiger ist und auf was es am Anfang wirklich ankommt, ist nicht, um jeden Preis schnelle Ergebnisse zu erzielen, sondern vor allem geht es darum, das Vertrauen der Mitarbeiter zu gewinnen, damit man mit deren Unterstützung rechnen kann.

Wie aber gewinnt man Vertrauen? Mit Sicherheit nicht dadurch, dass man von Anfang an den »Chef spielt« oder die neu gewonnene Macht zur Schau trägt oder ausreizt. Dies werden wir im weiteren Verlauf dieses Buches noch im Detail betrachten. Vielmehr geht es um offene Gespräche, um das klare Kommunizieren gemeinsamer Ziele und um eine eindeutige Rollenverteilung.

Anfangs gilt: Lassen Sie sich nicht die Schau stehlen, gewähren Sie aber auch anderen die Möglichkeit, im Mittelpunkt zu stehen. Dazu, Entschlossenheit zu zeigen, werden Sie noch früh genug die Gelegenheit bekommen, wenn Sie nach einiger Zeit mit den ersten sinnvollen Veränderungen beginnen.

3.2 Die Führungskraft: Rolle und Anforderungen

3.2.1 Die verschiedenen Definitionen und die Bedeutung von Führung

Der Begriff »Führung« hat unzählige Bedeutungen. Wie definieren Sie das Wort für sich selbst? Allgemein versteht man darunter verantwortliches Leiten. Führung ist im Kern eine Beeinflussung von Menschen, gleichzeitig aber auch die Bestimmung von Bewegung und somit bestimmte Bewegung. Führung ist aber auch die zielgerichtete Beeinflussung des Erlebens und des Verhaltens von Einzelpersonen ebenso wie von Gruppen innerhalb von Organisationen. Interessanterweise haben wir es mit einem Begriff zu tun, der aus der Umgangssprache in die Wissenschaft übernommen wurde und nicht umgekehrt.

Auf die nun folgende Frage werden Sie im Lauf dieses Buches immer wieder treffen. Sie ist für mich eine der elementarsten überhaupt, wenn es um Mitarbeiterführung geht, und sie kann sehr hilfreich sein, um sich Begebenheiten bewusst zu machen: »Was passiert, wenn ich nicht ...?«

Auf dieses Kapitel angewendet wird die Frage lauten: »Was passiert, wenn man sich seiner Führungsaufgabe nicht bewusst ist?« Oder einfacher formuliert: »Was passiert, wenn ich keine gute Führungskraft bin?«

Schreiben Sie für sich einmal alle Folgen und Konsequenzen auf, die eintreten könnten, wenn Sie keine gute Führungskraft sind oder werden. Fragen Sie sich: Welche Auswirkungen wird das auf Ihr persönliches Berufsleben haben, welche Folgen für Ihre Mitarbeiter und welche Konsequenzen für Ihre Kunden und für Ihr Unternehmen?

Mit Sicherheit fallen Ihnen da einige Punkte ein. Und diese lassen die Welt möglicherweise ziemlich trist aussehen. Im Umkehrschluss aber können Sie sich jetzt vorstellen, welche immensen Chancen und Möglichkeiten sich ergeben, wenn man aus der Frage nur einen einzigen Buchstaben streichen würde und sie folgendermaßen umformuliert: »Was passiert, wenn ich eine gute Führungskraft bin?«

Vielleicht stehen auf Ihrer Liste Schlagwörter wie: Kommunikation, Vertrauen, Delegieren oder Verantwortung. Greifen wir davon ein Wort heraus: die Kommunikation. Fragen Sie sich nun – und seien Sie dabei wirklich ehrlich zu sich selbst: Wie gut kommuniziere ich mit meinen Mitarbeitern und Vorgesetzten?

Wenn Sie ein guter Kommunikator sind, fragen Sie sich, welche die fördernden Faktoren sind, die Sie zu einem solchen werden lassen. Wenn Sie aber der Meinung sind, dass diesbezüglich noch Luft nach oben ist, fragen Sie sich, welche hemmenden Faktoren hier auf Sie wirken.

Eigentlich wird diese Methode vorrangig im Projektmanagement angewandt, aber sie lässt sich auch sehr effektiv beim Thema Führung einsetzen. Sie nennt sich Kraftfeldanalyse und zielt darauf ab, fördernde sowie hemmende Faktoren zu identifizieren und zu visualisieren (siehe nebenstehende Abbildung 1).

Ziel ist es dabei aber nicht nur, solche Faktoren zu erkennen, sondern auch Lösungen zu erarbeiten, damit Sie die Kraftfelder in Ihrem Sinn verändern können. Um das zu erreichen, ist es erforderlich, diese Faktoren zu bewerten, um daraus Maßnahmen abzuleiten.

Schreiben Sie also den fraglichen Begriff in die Mitte eines Blattes und kreisen ihn ein. Versuchen Sie nun so viele Faktoren wie möglich zu finden. Notieren Sie die hemmenden Faktoren rechts und die fördernden links.

Sollte es Ihnen schwerfallen, genügend Beispiele zu identifizieren, könnten Ihnen eventuell folgende Fragen weiterhelfen:

- Welche Möglichkeiten ergeben sich bei der Lösung dieses Problems für mich persönlich, für meine Mitarbeiter und für mein Unternehmen?
- Spielen Risiken und Kosten eine Rolle?
- Welche wesentlichen Arbeitsprozesse sind davon betroffen?
- Welchen Stellenwert hat dieses Problem im Unternehmen?

Beim nächsten Schritt geht es darum, die jeweiligen Punkte zu bewerten. Legen Sie eine Skala fest, beispielsweise von 1 bis 5 oder von 1 bis 10, und notieren Sie, wie wichtig die Faktoren sind oder wie stark sie sich auf Ihr Ziel oder Problem auswirken.

Addieren Sie anschließend die Punktwerte der beiden Seiten, um daraus entsprechende Schlussfolgerungen ziehen zu können:

- Wie sieht das Gesamtbild aus?
- Wo stehe ich bei der Bearbeitung dieses Problems?

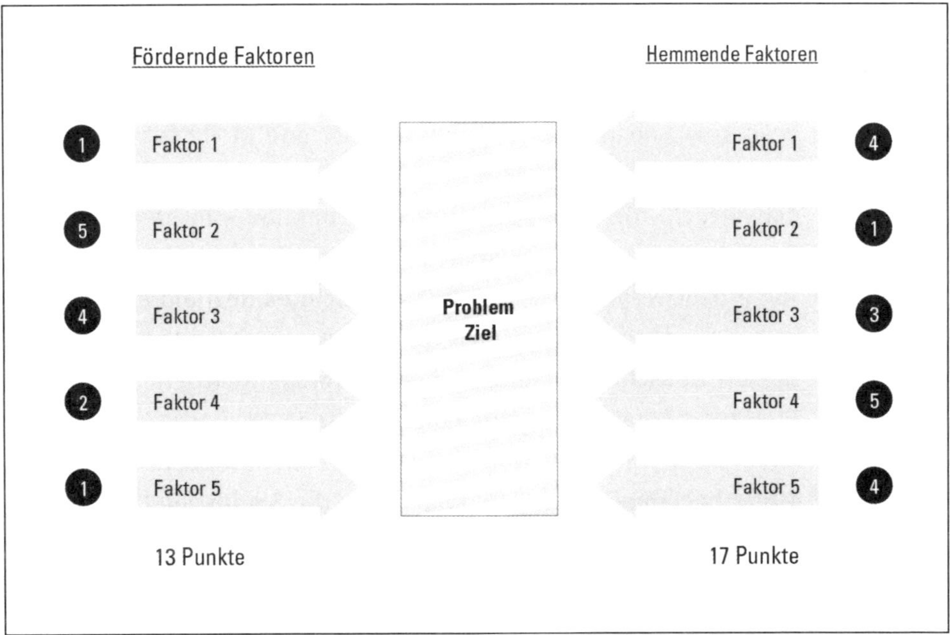

Abbildung 1: Schema einer Kraftfeldanalyse.

- Gibt es mehr positive/fördernde oder mehr negative/hemmende Faktoren?
- Welche Faktoren sind die wichtigsten?
- Welche Faktoren sind am leichtesten zu verbessern?
- Welche Faktoren sind am einfachsten zu eliminieren?

Erstellen Sie nun einen Aktionsplan. Bei diesem geht es in erster Linie darum, wie man die fördernden Kräfte weiter ausbauen kann, sodass sie auch solche bleiben, aber auch darum, die Kräfte, die einen hemmen/einbremsen, zu minimieren oder langfristig betrachtet auch zu eliminieren.

3.2.2 Anforderungen an die neue Rolle

Machen wir uns nichts vor: Die Anforderungen an eine junge Führungskraft sind heute enorm hoch und sie werden zudem ständig ausgeweitet und erhöht. Reichten vor etwa 30 Jahren noch eine gute Fachkompetenz und grundlegende Führungskompetenzen aus, so erwartet man heute zudem umfassende soziale Kompetenzen und insbesondere auch mehr Führungskompetenz. Denn vergessen wir nicht: Die Führungskraft ist und bleibt für das bedeutendste und sensibelste Kapital eines jeden Unternehmens verantwortlich: für die Mitarbeiter! Ihre Funktion erfordert es, dieser Tatsache gewachsen zu sein. Aber auch Rom ist nicht an einem Tag erbaut worden. Für den Anfang reicht es deshalb aus, sich bewusst zu machen, dass nicht die Kunden, der Fuhrpark oder der Umsatz ausschlaggebend sind, sondern die Mitarbeiter.

Nun zur nächsten Aufgabe, die ich Ihnen in diesem Zusammenhang stellen möchte: Notieren Sie auf einem Blatt alle Führungskräfte beziehungsweise Vorgesetzten, die Sie bis jetzt in Ihrer beruflichen Laufbahn erlebt haben. Welchen von diesen hielten Sie für Ihren besten Chef? Schreiben Sie alle positiven Eigenschaften auf, die Sie an ihm festgestellt haben.

Auch ich habe diese Übung als junge Führungskraft durchgeführt und kam zu folgendem Ergebnis:

- Er stellte durchweg hohe Ansprüche an seine Mitarbeiter.
- Er erwartete starke Leistungen, erkannte sie aber auch an.
- Er versuchte seinen Mitarbeitern stets die übergeordneten Ziele verständlich zu machen.
- Er hatte stets einen flotten Spruch auf den Lippen und konnte sehr unterhaltsam sein.
- Er ermutigte seine Mitarbeiter stets dazu, zu versuchen, neue Wege zu gehen.
- Er war immer ansprechbar und präsent, auch wenn er unter Druck stand.
- Er trug keine Fehler nach, wenn daraus etwas gelernt worden ist.
- Er vermochte sich gut auf sein Gegenüber einzustellen und konnte auf diese Weise immer den besten Weg der Kommunikation finden.

Aber das Faszinierendste für mich war es damals, zu sehen und zu spüren, was durch einen solchen Führungsstil alles möglich

war, welche unglaublichen Ziele dadurch erreicht wurden und wie Mitarbeiter dabei über sich hinausgewachsen sind. Ich halte diese Erkenntnis für einen der wichtigsten Meilensteine in meiner beruflichen Laufbahn.
Grundsätzlich lassen sich Führungskompetenzen wie folgt unterteilen:

- Fachkompetenz
- Methodenkompetenz
- emotionale Kompetenz
- Persönlichkeitskompetenz

Zur *Fachkompetenz* gehören:

- Führungswissen
- Führungsinstrumente
- Führungsstile
- Kommunikation und Kooperation
- Personalentwicklung
- Branchenwissen
- Organisation
- Strukturierung
- betriebswirtschaftliches Denken

Zur *Methodenkompetenz* gehören:

- Gesprächsführung
- verschiedene Arbeitstechniken
- Entscheidungstechniken
- Feedback
- Potenzialerkennung
- Zielvereinbarung
- Planung und Leitung von Meetings
- Konfliktregelung
- Moderation
- Projektmanagement
- Ressourcenplanung
- Präsentation

Zur *emotionalen Kompetenz* gehören:
- Wahrnehmung
- Zuhören
- Wertschätzen
- Loben
- Empathie
- Achtsamkeit
- Teamfähigkeit
- Fragenstellen
- Interessiert-Sein
- Aufmerksamkeit
- abteilungsübergreifendes Denken
- Mitgefühl

Zur *Persönlichkeitskompetenz* gehören:
- Offenheit
- Ehrlichkeit
- persönliche Einstellung
- persönliche Werte
- Selbstreflexion
- Bestreben, immer dazuzulernen
- Loyalität
- Authentizität
- Vorbildfunktion
- ethische Haltung
- Intuition
- Überzeugungsfähigkeit

3.3 Den eigenen Führungsstil entwickeln

3.3.1 Wie finde ich meinen Führungsstil?

In diesem Kapitel beschäftigen wir uns mit der interessanten Frage, wie man seinen eigenen Führungsstil finden, entwickeln und damit erfolgreich sein kann. Selbstverständlich gibt es die unterschiedlichsten Führungsstile. Einige wesentliche stelle ich Ihnen hier vor.

Der autoritäre Führungsstil. Die Führungskraft, die diesen Stil praktiziert, trifft gerne einsame Entscheidungen. In der Regel bezieht sie dabei ihre Mitarbeiter nicht mit ein. Weitere Merkmale dieses Führungsstils sind sehr genaue Anweisungen und strenge Kontrolle. Seine Grundausrichtung orientiert sich fast ausschließlich an Fakten, Zielen, Leistungen und Ergebnissen. Dieser Führungskraft fehlt es sehr oft an sozialer Kompetenz. Für ihre Mitarbeiter interessiert sie sich nur bedingt.

Der teilweise autoritäre Führungsstil. Dieser Stil ist von der Überzeugung geprägt, dass Führungskräfte nur dann autoritär handeln, wenn sie es müssen, beispielsweise, wenn sie selbst unter Druck kommen. Ansonsten versuchen sie in der Regel Konfrontationen aus dem Weg zu gehen. Dieser Führungsstil ist alles andere als konsequent. Für die Mitarbeiter bedeutet dies, dass sie oft nicht wissen, welche Rolle ihnen zugedacht ist.

Der kooperative Führungsstil. Hier steht der Mensch im Vordergrund. Das Wohlergehen der Mitarbeiter steht für diese Führungskraft an erster Stelle, noch vor deren Leistungen. Sehr auf Harmonie bedacht, kann sich dieser Vorgesetzte vor seinem Team behaupten.

Der Laisser-faire-Führungsstil. Der Begriff kommt aus dem Französischem und heißt wörtlich übersetzt »machen lassen«. Diese Führungskraft lässt ihre Mitarbeiter selbstständig laufen. In der Regel weiß sie genau, wie weit sie dabei gehen kann. Sie hält sich zumeist aus so ziemlich allen Auseinandersetzungen heraus und kümmert sich nur bedingt um Ihre Mitarbeiter.

Aber welcher dieser Führungsstile ist nun für Sie der richtige? – Um dies herauszufinden, fangen Sie am besten mit Ihrem eigenen

Unternehmen an. Sollten Sie erst kürzlich Ihren Arbeitsplatz gewechselt haben, nehmen Sie Ihren letzten Arbeitgeber.
Beim Herausfinden des Führungsstils, der zu einem passt, kann man damit beginnen, dass man unterschiedliche Führungsstile von Vorgesetzten oder erfahrenen Führungskräften näher zu analysieren versucht. Wir greifen damit ein wenig dem Kapitel 3.5 (»Entscheidungen treffen«) – vor, einem Thema, das wir im Verlauf dieses Buches noch näher betrachten werden.
Lesen Sie folgende Aussagen aufmerksam durch und beobachten Sie, wie Sie darauf reagieren:

- Der Vorgesetzte trifft Entscheidungen und bezieht dabei seine Mitarbeiter nicht mit ein.
- Der Vorgesetzte rechtfertigt seine Entscheidungen im Vorfeld, indem er stets versucht, seine Mitarbeiter von der Notwendigkeit und Richtigkeit dieser Entscheidungen zu überzeugen.
- Der Vorgesetzte informiert lediglich über seinen Entscheidungsentwurf, wobei die Problemlösung bei ihm verbleibt.
- Der Vorgesetzte erklärt die zu lösende Problematik, sammelt Optionen und Alternativen seiner Mitarbeiter, trifft seine Entscheidung unter Berücksichtigung von deren Vorschlägen jedoch selbstständig.
- Der Vorgesetzte erklärt das Problem, informiert seine Mitarbeiter über den Entscheidungsrahmen und fordert das Team auf, eine Entscheidung zu treffen.
- Der Vorgesetzte gibt lediglich einen Entscheidungsrahmen vor, innerhalb dessen die Mitarbeiter selbstständig entscheiden können.

Versuchen Sie nun zu überlegen, wie Sie die Situation in Ihrem aktuellen Arbeitsumfeld wahrnehmen, und zwar nicht nur mit Blick auf Ihre Abteilung, sondern auch im Kontext des gesamten Unternehmens. Stellen Sie sich die Frage, welches Ziel angestrebt werden sollte.
Wie Sie vermutlich festgestellt haben werden, gibt es keinen Führungsstil, der generelle Gültigkeit beanspruchen könnte. Er muss

sich vielmehr immer einer Situation anpassen. »Situativ zu führen« ist diesbezüglich das Zauberwort.
Führungssituationen können grundsätzlich sehr unterschiedlich sein. Das operative Geschäft verlangt, dass man dann einen autoritären Führungsstil an den Tag legt, wenn etwas sehr schnell gehen muss und keine Zeit für lange Diskussionen bleibt. In solchen Fällen sind knappe und präzise Anweisungen unabdingbar.
Des Weiteren ist es natürlich ein großer Unterschied, ob Sie einen jungen Mitarbeiter vor sich haben, der gerade ins Team gekommen ist, oder einen alten Hasen, der mit den meisten Arbeitsabläufen bereits bestens vertraut ist.
Und natürlich müssen Sie Ihr Vorgehen daran anpassen, ob Ihre Mitarbeiter gerade nur so vor Motivation strotzen oder sie morgens eher demotiviert und frustriert zu Arbeit kommen.
Welchen Führungsstil Sie anwenden müssen, das hängt also immer von der jeweiligen Situation ab. Im Verlauf dieses Buches werden wir dieses Thema sukzessive vertiefen.
Machen Sie sich aber fürs Erste keine allzu große Gedanken: Um Ihren Stil zu entwickeln, benötigen Sie Zeit. Führungsstile können und werden sich auch im Lauf der Zeit ändern oder anpassen. Wichtig ist es allerdings immer, sich stetig zu hinterfragen, ob das jeweilige Vorgehen gerade zielführend und der Situation angepasst ist.

3.3.2 Übung: Führungsgrundsätze definieren

Um für sich selbst Führungsgrundsätze zu definieren, eignet sich folgende Übung sehr gut. Dafür benötigen Sie nur ein Blatt Papier und einen Kugelschreiber. Schreiben Sie nun so viele positive Führungsgrundsätze auf, wie Ihnen in den Sinn kommen, und listen Sie diese untereinander auf. Solche Führungsgrundsätze könnten beispielsweise die in der Tabelle 1 (siehe folgende Seite) aufgeführten sein.
Nachdem Sie nun all Ihre Grundsätze aufgelistet haben, lassen Sie sie gegeneinander antreten. Für das obenstehende Beispiel

motivierend	authentisch	transparent
lösungsorientiert	verantwortungsbewusst	humorvoll
entscheidungsfreudig	empathisch	ausgeglichen
engagiert	flexibel	nachhaltig
hilfsbereit	kreativ	loyal
leidenschaftlich	mitfühlend	achtsam
natürlich	optimistisch	verlässlich
gerecht	kooperativ	selbstständig
stabil	vertrauenswürdig	tolerant
großzügig	objektiv	bescheiden
offen	ehrlich	verbindlich

Tabelle 1: Führungsgrundsätze in der Übersicht.

überlegen Sie sich, ob es Ihnen wichtiger ist, »motivierend« oder »authentisch« zu sein. Wenn es Ihnen nun wichtiger erscheint, »authentisch« anstatt »motivierend« zu führen, geben Sie dem Wort »authentisch« einen Punkt. Nun wiederholen Sie dieses Vorgehen für den Grundsatz »motivierend« sowie den nächstfolgenden »transparent« und entscheiden, was Sie bevorzugen. Vergeben Sie dafür erneut einen Punkt.

Summieren Sie am Ende dieser Übung die Punkte und küren Sie die fünf wichtigsten Grundsätze. Das Interessante an dieser Übung ist, dass durch sie deutlich wird, was Ihnen wirklich wichtig ist. Auch kann es sich dabei herausstellen, dass gewisse Grundsätze, von deren Wichtigkeit Sie zunächst überzeugt waren, überraschend auf den hinteren Plätzen landen.

Stellen Sie sich nun folgende Frage: Wie gut erfülle ich diese Anforderungen bereits, die sich in der Übung als die für mich wichtigen herauskristallisiert haben? Schreiben Sie nun hinter jeden Grundsatz eine Prozentzahl.

Als Nächstes greifen Sie zu Ihrem Smartphone und öffnen die Kalender-App. Gehen Sie nun in der Zeit zuerst sechs Monate und dann ein Jahr in die Zukunft und tragen an diesen Tagen folgende Notiz ein: »Führungsgrundsätze-Bewertung«. Bewer-

Anforderungen	Wie gut erfülle ich diese Anforderung bereits?										geplante Aktion	Follow-up
	10 %	20 %	30 %	40 %	50 %	60 %	70 %	80 %	90 %	100 %		

Tabelle 2: Beispiel einer Anforderungstabelle.

ten Sie an diesen Terminen Ihre Grundsätze neu. Ihr Ziel sollte es sein, sich innerhalb eines Jahres um mindestens 15 Prozent zu verbessern.

3.3.3 Das Selbstbild als Führungskraft

Wenn man von Führungsstil spricht, ist ein wichtiger Aspekt das Verhältnis zwischen dem Selbstbild und der Wahrnehmung, die die Mitarbeiter hinsichtlich der Führungsgrundsätze von einem haben. Dazwischen können Welten liegen! Es nutzt nämlich nichts, wenn man sich selbst für motivierend oder entscheidungsfreudig hält, die anderen diese Überzeugung jedoch nicht teilen.
Sollten Sie bei dem einem oder anderen Führungsgrundsatz entsprechende Zweifel haben, kann Ihnen die Tabelle 2 nützlich sein. Notieren Sie in der linken Spalte Ihre Grundsätze und in der rechten eine Prozentzahl hinter der Frage: Wie gut erfülle ich persönlich diese Anforderung bereits? In der dritten Spalte definieren Sie Ihre geplanten Maßnahmen und Aktionen, mit denen Sie diesen Anforderungen besser gerecht zu werden versuchen.

3.3.4 Die Selbstreflexion

Eine kritische Selbstreflexion zählt zu den wichtigsten Eigenschaften einer guten Führungskraft und bedeutet, sein eigenes Verhalten immer wieder zu hinterfragen. Was müssen Sie aber dafür

tun? Um sich selbst zu reflektieren, müssen Sie versuchen, die Distanz zu Ihrem Tun zu vergrößern. Denken Sie an eine Kunstgalerie, in der der Besucher ein paar Schritte zurücktritt, um das Bild mit etwas mehr Distanz zu betrachten. Oder unternehmen Sie einen imaginären Rundflug über Ihr persönliches Tagwerk.
Bestimmt ist Ihnen die Lernmethode »learning by doing« bekannt. Zwei amerikanische Forscher der Harvard Business School, Francesca Gino und Gary Pisano, haben mit Bezug darauf einen weiteren Begriff formuliert: »learning by thinking«. Nehmen Sie sich die Zeit, um über Ihr eigenes Verhalten, Ihre Aussagen, Ihr Tun bewusst nachzudenken und diese zu hinterfragen.
Viele Führungskräfte sind häufig zu sehr auf das »Managen« ihrer Mitarbeiter fixiert und vergessen dabei, sich selbst zu managen. Warren Buffett, der bedeutende Großinvestor und Multimillionär, prägte im Hinblick auf die Selbstreflexion die Kernaussage:

Man sollte vor allem in sich selber investieren. Das ist die einzige Investition, die sich tausendfach auszahlt.

Von Warren Buffett möchte ich Ihnen an dieser Stelle ein lesenswertes Buch ans Herz legen. Es trägt den Titel »Das Leben ist wie ein Schneeball«, und dahinter verbirgt sich die detaillierte Autobiographie, die das Leben dieses legendären Unternehmers sehr gut beleuchtet.
Wer als Führungskraft langfristig erfolgreich sein will, sollte einen erheblichen Teil seiner Zeit in das eigene Selbstmanagement investieren, um so seine ganz persönlichen Prinzipien, Ziele, Motive und vor allem sein Verhalten und seine Reaktionen besser zu verstehen – und daraus zu lernen. Wirklich erfolgreiche Führungskräfte nutzen bewusst ihre freie Zeit zur Selbstreflexion. Sie stellen sich selbst sehr konkrete Fragen und klären somit: Was ist gut gelaufen? Was ist missglückt? Was ist auf jeden Fall verbesserungswürdig? Was habe ich gelernt? Welche Fehler habe ich begangen oder vermieden?

Eine gründliche Selbstreflexion erfordert es, die richtigen Fragen zu stellen:

- Nehme ich meine Verantwortung ernst genug?
- Was bedeutet Erfolg für mich persönlich?
- Was will ich wirklich?
- Warum ist mir das Erreichen dieses Zieles so wichtig?
- Was müsste ich noch tun, um mein Ziel zu erreichen?
- Glaube ich überhaupt daran, dass ich dieses Ziel erreiche?
- Für welche Werte will ich einstehen?
- Wenn ich die Zeit zurückdrehen könnte, was würde ich anders machen?
- Was genau lässt mich so fühlen und denken, wie ich es tue?
- Hätte ich unseren besten Kunden so behandelt, wie ich heute meinen Mitarbeiter behandelt habe?
- Was hält mich davon ab, mein Vorhaben umzusetzen?
- Warum richte ich mich mehr nach meinen Zweifeln als nach meinem ersten Bauchgefühl?
- Wie viel Zeit investiere ich täglich in meine persönliche Fortbildung?
- Was könnte ich konkret tun, damit ich im Job, aber auch privat zufriedener wäre?

3.3.5 Don't be the Answer Man!

Die folgende Episode handelt vom Kapitän eines Nuklear-U-Boots der US-Navy, der seinen Führungsstil vollständig revolutionierte. Kapitäne von U-Booten wurden früher dahingehend geschult, ja regelrecht gedrillt, einen komplett autoritären Führungsstil zu praktizieren. Warum? Weil es immer schon so war und sie es auch nur so gelernt haben. Aber eines Tages fällte der Kapitän, von dem hier die Rede ist, die Entscheidung, seinen eigenen Führungsstil grundsätzlich zu ändern. Er versammelte seine komplette Mannschaft und konfrontierte sie mit der folgenden Herausforderung: Eine interne Überprüfung stand an und die Zustände auf dem U-Boot waren zu diesem Zeitpunkt weit unter den gefor-

derten Standards und Auflagen der US-Navy. Wie war das Problem zu lösen?
Da die Mannschaft es gewohnt war, Befehle lediglich zu befolgen, ohne selbstständige Lösungsvorschläge zu erarbeiten, war ihre Erwartung an den Kapitän sinngemäß: Sie müssen die entsprechenden Befehle erteilen! In diesem Augenblick wurde ihm bewusst, dass es an der Zeit war, den überkommenen Führungsstil der vergangenen Jahrzehnte radikal zu ändern. Er traf somit folgende Entscheidung: Von nun an werde er keine Befehle mehr erteilen, auch wenn dies am Anfang sehr befremdlich und verwirrend sein sollte. Denn waren nicht die Bordmanuals der US-Navy voll mit Regelungen, die allesamt nur von den Kapitänen autorisiert werden durften?
Der Mann weigerte sich, dies so weiterzuführen, und statt Befehle zu geben, teilte er beim nächsten Manöver nur seine Absichten mit. Er war zu dem festen Entschluss gelangt, dass er seine Mannschaft nur auf diese Weise zum selbstständigen Denken hinführen konnte, und allmählich änderte sich so die Sprache auf dem U-Boot. Es hieß nicht mehr: »Was haben wir zu tun?« Sondern: »Wir schlagen als nächsten Schritt Folgendes vor.«
Der Kapitän war somit nicht mehr länger »the Answer Man«, der auf alles eine Antwort zu haben hatte, sondern er erzog seine Mannschaft zum selbstständigen Denken und erteilte sodann lediglich die entsprechende Autorisierung.
Das U-Boot bestand die Prüfung mit Bravour, und ein Jahr später, bei der nächsten Überprüfung, erhielt es die höchste Benotung in der Geschichte der US-Navy.

3.3.6 Der Mentor

Suchen Sie sich ein Vorbild oder einen Mentor – ganz egal aus welcher Branche oder mit welchem beruflichen Background. Jede erfolgreiche Person in unseren heutigen Tagen hat einen Mentor oder einen Coach, die ihr in Krisenzeiten oder bei Unsicherheiten helfen können.

Beispielsweise hatten Mark Zuckerberg, Gründer von *Facebook*, und Larry Page, Mitgründer von *Google*, Steve Jobs als Mentor. Dieser selbst hatte mehrere Mentoren, unter anderem Key Bushnell und Robert Friedland. Bill Gates wiederum erhält Ratschläge und Mentoring von Warren Buffet. Wer als Führungskraft, aber auch als Mensch wachsen will, benötigt ab und zu Feedback, um zu erkennen, woran er noch arbeiten muss.

3.3.7 Networking

Ihr Netzwerk ist Ihre stärkste Währung. Netzwerken Sie, was das Zeug hält! Beginnen Sie damit, sich ein XING- und LinkedIn-Profil anzulegen. Und wenn Sie schon eines haben, so professionalisieren Sie es. Wenn Sie interessante Personen, Führungskräfte oder Firmenchefs kennenlernen, versuchen Sie sich gleich mit Ihnen zu vernetzten. Die richtigen Kontakte könnten Ihnen in einem zweiten Moment Türen öffnen, die Ihnen ansonsten verschlossen bleiben würden.

Achten Sie aber auf Klasse statt Masse. Ein Netzwerk ist nur so wertvoll wie seine Mitglieder. Gutes Networking bedeutet nicht, einfach ziellos Kontakte zu sammeln mit dem Ziel, irgendwann einmal tausend davon zu haben. Allerdings ist zu fragen: Was sind *gute* Kontakte? Das hängt natürlich immer von Ihrem beruflichen Umfeld sowie Ihren Karrierezielen ab.

Versuchen Sie, in Ihrem Netzwerk grundsätzlich zwei Arten von Kontakten zu sammeln: Personen, die schon das erreicht haben, was Sie noch erreichen wollen, sowie Personen, die ähnliche Ziele verfolgen wie Sie.

Und wie kommt man zu neuen Kontakten? Als Einstieg eignen sich besonders gut sogenannte Networking-Veranstaltungen. Auf solchen Events werden Sie sich nicht schwertun, neue Verbindungen zu knüpfen, da ja alle Teilnehmer dasselbe Ziel verfolgen wie Sie selbst.

Teilen Sie auch Kontakte. Wenn Sie Leute weitervernetzen – wohlgemerkt selbstverständlich nur die, die Sie selber gut kennen –, so profitieren gleich mehrere davon: der neue Ansprechpartner, Ihr alter und natürlich Sie selbst. Denn wer weiß schon im Vorhinein, worin künftig ein Nutzen liegen könnte, und vielleicht wird genau einer dieser Kontakte Sie wiederum weitervernetzen und Ihnen auf diese Weise die Tür zu Ihren Traumjob öffnen.

3.4 Vom »Opfer« zum »Täter«

3.4.1 Was erwartet Ihr Vorgesetzter von Ihnen?

So gut wie in jeder Firma steht irgendwo ein Kaffeeautomat. Und wer kennt das nicht, das Beieinander-Stehen davor und die Diskussionen über die neuesten Kapriolen der Chefetage? Und nicht selten wird an diesem magischen Ort auch ein gemeinsames Klagelied über die eigene Firma angestimmt.

Nehmen wir einmal an, dieser Kaffeeautomat steht in der Kantine eines großen Hotels, wo gerade ein paar Rezeptionisten vor dem Schichtwechsel ihren Kaffee trinken. Nehmen wir weiterhin an, die Geschäftsführung hat beschlossen, dass alle Mitarbeiter von nun an gelbe Westen tragen müssen. Was passiert? Natürlich ist die gelbe Weste *das* Thema: Wie kann man nur! Und wie das aussieht! Was hat sich die Geschäftsführung da wieder einfallen lassen? Und der Klassiker: Warum werden wir nicht gefragt, *wir* sind es doch, die sie tragen müssen, und nicht die Geschäftsführung! Es hebt also ein gemeinsames Lamento an. Das ist normal, kommt in jedem Betrieb der Welt vor und ist auch nicht sonderlich schlimm.

Nun aber gesellt sich zu dieser Runde der *Front Office Manager*, den die gelbe Weste natürlich ebenso betrifft wie alle anderen auch. Was sollte dieser Vorgesetzte jetzt Ihrer Meinung nach tun? Bestimmt ist er nicht verpflichtet, jede Entscheidung der Geschäftsleitung nur deshalb gutzuheißen, nur weil er ein Manager ist. Auch muss er sich mit Sicherheit nicht in jeder Situation blind hinter die Geschäftsleitung stellen. Das wäre einfach nicht realistisch.

Was er aber nicht machen sollte – und das darf eine Geschäftsleitung von einem Manager auch erwarten –, ist, in das Lied aller mit einzustimmen, ohne möglicherweise sogar zu wissen, um was es genau geht. Zwar sollte auch von einer Führungskraft niemand verlangen können, dass sie sich den Klagen der übrigen Mitarbeiter grundsätzlich entgegenstellt. Zumindest jedoch sollte sie aber versuchen, auch auf die Vorteile der in Frage stehenden Entscheidung hinzuweisen. Um beim Beispiel der gelben Weste zu bleiben: »Die Weste mag zwar aussehen, wie sie aussieht, doch hat sie definitiv einen höheren Tragekomfort als das bisherige Modell und zudem unterstreicht sie stärker die Farbe unseres Firmenlogos.«

Was also erwartet nun ein Vorgesetzter von einer Führungskraft? Salopp gesagt, dass sie von der Rolle des Opfers – »Wir sind ja nur die kleinen Mitarbeiter«, »Unsere Meinung zählt nicht«, »Die machen ohnehin, was sie wollen«, »Für die zählt ja nur der Profit« – in die des Täters schlüpft und auch entsprechend handelt.

Was muss man sich darunter vorstellen? Es bedeutet die Anforderung, seine Einstellung zu ändern, die Dinge selbst in die Hand zu nehmen, Argumente auch dann zu vertreten, wenn es einmal unbequem wird, und nicht nur die positiven und angenehmen Seiten des Manager-Daseins auskosten zu wollen, sondern sich auch den schwierigen und herausfordernden zu stellen.

Der Mensch beklagt sich einfach gerne, schimpft gern über das Wetter, die Wirtschaftslage oder die Politik. Auch Führungskräfte tun das. Jeden Tag. Natürlich habe auch ich mich immer über alles Mögliche bei meinem Vorgesetzten beklagt: »Im Moment fehlt es einfach an der Kaufkraft der Kunden!«, oder: »Mit diesen Mitarbeitern kann man nicht gewinnen« etc. Daraufhin meinte mein Vorgesetzter jedes Mal in einer Seelenruhe: »Bist du Opfer oder Täter?« Plädoyer abgeschlossen!

Kurzum: Es geht darum, auch einmal Konflikte auszuhalten. Als einem Mitarbeiter von vielen wird es einem gelingen, zumindest den meisten Problemen aus dem Weg zu gehen. Das funktioniert auf der Führungsebene nicht mehr. Hier muss man ab und zu auch einmal eine unbequemere Richtung einschlagen. Daran führt im wahrsten Sinne des Wortes kein Weg vorbei.

Es ist oft ein schmaler Grat, auf dem sich Führungskräfte bewegen, wenn sie Mitarbeitern Unangenehmes mitzuteilen haben. Meist fühlen sie sich dabei selbst nicht wohl in ihrer Haut. Dies ist nur menschlich und am Anfang einer Berufskarriere auch verständlich. Aber gerade in Gesprächen dieser Art erweist sich, wie professionell Vorgesetzte ihre Führungsaufgabe wahrnehmen.

In meiner Laufbahn musste ich jede Menge Kündigungen aussprechen. Ehrlich gesagt, an meine erste Kündigung kann ich mich nicht mehr erinnern, sehr wohl aber an eine, die mich auch im Nachhinein sehr beschäftigte. Ich musste einen Mitarbeiter kündigen, mit dem ich mich privat sehr gut verstand. Wir teilten ein gemeinsames Hobby, der Mensch war außerordentlich inspirierend und wir haben auch ordentlich zusammen gefeiert. Auch wenn Freund mit Sicherheit ein großes Wort ist, kommt es unserer Beziehung sehr nahe. Leider hatte der Mann das Unternehmen bestohlen. Es ging um keine großen Sachen, aber in der Summe kam dennoch einiges zusammen. Die interne Policy des Unternehmens war in einem solchen Fall sehr eindeutig. Ich musste handeln, und obgleich dieser Mitarbeiter sehr beliebt war und einige seiner Kollegen sich vehement für seinen Verbleib einsetzten, habe ich die Kündigung ausgesprochen. Die Stimmung im Team brachte ich damit unvermeidlich auf den Nullpunkt. Dennoch: Ich musste dahin greifen, wo es weh tat.

Reibung erzeugen

Mit dem Anspruch, ein Team harmonisch zu führen, kommt man sicherlich sehr weit. Aber nicht immer weit genug. Ab und zu werden Sie nicht umhin kommen, auch Reibung zu erzeugen.

In meinen ersten Jahren als Führungskraft war ich immer felsenfest davon überzeugt, dass nur ein harmonisch geführtes Team Großes leisten kann. Sehr auf Harmonie bedacht, habe ich zu oft versucht, Konflikten aus dem Weg zu gehen oder es erst gar nicht so weit kommen zu lassen. Zwar habe ich auch dadurch die meis-

ten meiner Ziele erreicht, dabei aber unglaublich viel Zeit verloren und Effektivität eingebüßt.
Auch in Seminaren oder Feedback-Gesprächen zu diesem Thema habe ich meinen Führungsstil immer vehement verteidigt, oftmals mit dem folgenden Argument: Bei einer Halbfinalrunde einer Fußball-Weltmeisterschaft haben gleichermaßen alle Mannschaften ein sehr hohes Niveau und sie unterscheiden sich untereinander nur noch geringfügig. Meine Rede war immer die, dass nur das Team schlussendlich Weltmeister wird, das am besten harmoniert. Nach wie vor halte ich diese Überzeugung nicht für falsch. Nur habe ich lange nicht sehen wollen, dass gelegentlich eine gewisse Reibung notwendig ist, um langfristig erfolgreich zu sein. Sehr häufig sind Situationen so festgefahren, dass man nur durch Reibung vorankommt. Für mich persönlich war diese Erkenntnis ein wichtiger Meilenstein in meiner beruflichen Laufbahn.
Wie aber erzeugt man Reibung? Als ich für ein international ausgerichtetes Unternehmen im Ausland tätig war, hatte ich einen Vorgesetzten, der dies sehr gut beherrschte. In Situationen, in denen wir auf der Stelle traten und nicht weiterkamen, konfrontierte er uns mit Aussagen und Maßnahmen, von denen er annehmen konnte, dass innerhalb der Abteilung unterschiedliche Auffassungen herrschen würden und wir uns daran sozusagen reiben konnten. Es gelang ihm damit, unseren Denkhorizont zu erweitern, da wir nun gezwungen waren, über die Thematik gründlicher nachzudenken, besser zu argumentieren und unseren Standpunkt überzeugender zu verteidigen. Oft kam es zu wirklich intensiven Diskussionen, ja sogar Streitigkeiten, und das eine oder andere Mal war jemand auch kurz beleidigt. Langfristig betrachtet mussten wir diesem Vorgesetzten aber zugutehalten, dass er Projekte wirklich weiterbrachte.

Langfristig denken

Von einer Führungskraft soll man auch langfristiges Denken erwarten können, das gelegentlich Perioden von fünf und zehn Jahren umfasst. Auch wenn Änderungen oder Neuerungen vielleicht

kurzfristig für großes Aufsehen und für Schwierigkeiten sorgen, können sie doch langfristig gesehen sehr wohl einen Sinn ergeben. Ist es nicht oft so, dass am Anfang einer System- oder Prozessänderung der Aufschrei am größten ist, bis sich jeder an das Neue gewöhnt hat? Und auf einmal bemerkt man, dass man im Vergleich zu früher durch das neue System sehr viel effektiver und schneller ist.
Natürlich ist es nachvollziehbar, wenn man es als junge Führungskraft am Anfang seiner Berufskarriere schwer absehen kann, wo man in ein paar Jahren sein will. Das ist damit auch nicht gemeint. Langfristig zu denken, das bezieht sich in diesem Kontext weniger die eigene Laufbahn als auf den unternehmerischen »Fünfjahresplan«.

To see the big picture

Von einer Führungskraft wird erwartet, dass sie in der Lage ist, auch einmal einen Schritt zurücktreten zu können, um Sachverhalte von einer anderen Warte aus zu betrachten. Oder auch einen imaginären Helikopter zu besteigen, um die wesentlichen Sachverhalte aus einer übergeordneten Perspektive zu sehen. Oft scheinen nämlich Entscheidungen der Geschäftsführung aus dem Blickwinkel der einzelnen Abteilung nur wenig Sinn zu ergeben. Wenn man sie aber im Kontext des gesamten Unternehmens betrachtet, sind sie dann doch nachzuvollziehen, und entsprechend fällt es leichter, dahinterzustehen.

Übung

Stellen Sie sich Folgendes vor: Sie fahren mit dem Auto durch eine stürmische Nacht, kommen an einer Bushaltestelle vorbei und sehen, dass dort drei Menschen warten:
– eine alte Dame, die kurz davor ist, zu sterben,
– ein alter Freund, der Ihnen einmal das Leben gerettet hat,
– der perfekte Mann/die perfekte Frau Ihrer Träume.
Sie wissen, dass Sie in Ihrem Auto nur eine einzige Person mit-

nehmen können. Für welche der drei würden Sie sich entscheiden? Sie könnten die alte Dame mitnehmen und sie dadurch retten. Wenn Sie den alten Freund mitnehmen, der für Ihr Leben so wichtig war, könnten Sie sich dadurch bei ihm revanchieren. Aber in beiden Fällen würden Sie vielleicht nie wieder Ihre große Liebe treffen. Was also würden Sie machen?
Ein großes amerikanisches Unternehmen hatte in einem Vorstellungsgespräch diese Aufgabe gestellt, um seine Bewerber zu testen. Nur einer von 200 Anwärtern gab die »richtige« Antwort und bekam den Job. Er hatte geantwortet: »Ich würde meinem alten Freund die Autoschlüssel geben, damit er die alte Dame ins Krankenhaus bringt. Ich selbst aber würde zurückbleiben und zusammen mit der Frau meiner Träume auf den Bus warten.«

Was soll mit diesem Beispiel zum Ausdruck gebracht werden? Der Unternehmenscoach Jim Ballard sagt, um erfolgreich zu sein, sei es manchmal besser, außerhalb von festgefügten Strukturen zu denken. Wie bei der schwierigen Aufgabe verbringen zu viele Menschen Zeit damit, über zu viel nachzudenken. Stattdessen sollte man öfters innehalten und sich fragen, ob es nicht auch eine andere Möglichkeit gibt.

Lösungsorientiert denken und handeln

Einem »einfachen« Mitarbeiter mag es noch erlaubt sein – und das ist absolut verständlich –, sich mit Problemen an den direkten Vorgesetzten zu wenden, um eine direkte Antwort oder Anweisung zu erhalten. Für eine Führungskraft gilt dies nicht mehr. Von dieser darf oder sollte erwartet werden, dass sie bei auftretenden Problemen selbstständig über eine Lösung nachdenkt. Dabei geht es nicht darum, eine Entscheidung zu treffen oder unter Druck eine Schwierigkeit selbst zu bewältigen, sondern darum, sich gründliche Gedanken zu machen und zu versuchen, Lösungen selbstständig zu finden. Der Dialog mit dem Vorgesetzten sollte demnach von vornherein nicht so beginnen:

»Chef, wir haben das Problem XY. Was soll ich tun?«

In diesem Fall hängt es natürlich von dem Vorgesetzten ab, wie professionell er mit Ihrer Frage umgeht. Der sicherlich einfachste und schnellste Weg wäre für ihn natürlich, zu sagen:

»Am besten rufen Sie X an und mit Y gehen Sie dann folgendermaßen vor.«

Mit dieser Variante ist vielleicht das Problem gelöst, und wenn es sich um ein dringliches gehandelt hat, ist es wahrscheinlich auch der beste Weg. Aber so wird der Mitarbeiter nicht zum selbstständigen Denken ermuntert. Für diesen wäre ein viel besserer Ansatz der folgende:

»Chef, wir haben das Problem XY. Ich habe mich aber bereits der Sache angenommen und ich schlage folgendes Vorgehen vor: Man könnte ... Können wir das so machen?«

Das ist es, was mit lösungsorientiertem Denken gemeint ist: bei auftretenden Problemen nicht das eigene Denken abzuschalten, da man ohnehin zum Chef laufen kann, um die Lösung zu bekommen. Selbst ist der Mitarbeiter!

Abteilungsübergreifend denken

Dass man als Vorsteher einer Abteilung immer nur das Beste für seine Abteilung will, darf man voraussetzen. Aber manchmal ist es entscheidend, über den eigenen Tellerrand hinaus zu blicken. Es wird nämlich vorkommen, dass man als Abteilungsleiter einer Neuerung zustimmen muss, obwohl sie negative Auswirkungen oder Mehrarbeit für die eigene Abteilung bedeutet. Aus der ge-

samtbetriebswirtschaftlichen Perspektive betrachtet, wird diese Änderung aber zwei andere Abteilungen entlasten und das Unternehmen wird somit effizienter.
Nun besteht die Gefahr, seine eigenen Mitarbeiter zu verärgern, indem man sich dem Anschein nach zu wenig für die eigene Abteilung eingesetzt hat. Das allerdings ist eine Gratwanderung, die man als Führungskraft zu gehen hat.

Fehler machen

Fehler? Berechtigterweise werden Sie sagen, dass Sie genau das vermeiden möchten, einen solchen zu begehen. Gerade zu Beginn Ihres neuen Jobs. Eine Maxime allerdings, mit der ich persönlich immer sehr gut gefahren bin, ist die folgende: Lieber etwas Neues ausprobieren und feststellen, dass es nicht funktioniert, als einfach nichts zu tun und zu hoffen, dass sich von selbst etwas ändert.
Vor einiger Zeit habe ich ein Werbeplakat mit folgender Aufschrift gesehen, das diesen Sachverhalt treffend beschreibt:

Auf Veränderung zu hoffen und selbst nichts dafür zu tun, ist wie an einem Bahnhof zu stehen und auf ein Schiff zu warten.

Vertrauen können

Vertrauen ist die Grundvoraussetzung einer jeden Beziehung, sei es privat oder beruflich. Das ist natürlich nichts Neues. Ein Unterschied besteht aber darin, zum einen zu glauben, dass man jemandem vertrauen kann, und zum anderen zu signalisieren, dass man selbst vertrauenswürdig ist.
Wenn Sie von sich denken, man könne Ihnen vertrauen, so lässt sich daraus noch lange nicht schließen, dass Ihr Vorgesetzter das genauso sieht. Beweisen Sie ihm Ihre Vertrauenswürdigkeit dadurch, dass Sie Ihre Loyalität ihm gegenüber immer wieder unter Beweis stellen.

Eigeninitiative zeigen und Optimierungsvorschläge anbringen

Zeigen Sie Eigeninitiative! Eigenantrieb ist gefragt. Als Führungskraft sollten Sie Aufgaben selbst erkennen, die Initiative ergreifen sowie Vorschläge zur Optimierung unterbreiten. Signalisieren Sie Ihrem Arbeitgeber Ihr Interesse für das Unternehmen und für die Branche. Und warten Sie nicht, bis Ihnen eine Weiterbildung angeboten wird, sondern fragen Sie selbst danach.

3.4.2 Verantwortung übernehmen

Für einen einfachen Mitarbeiter mag es noch ein Einfaches sein, die Verantwortung von sich zu schieben. Es gibt genügend Leute, denen es immer wieder gelingt, sie auf Kollegen abzuwälzen. Als Führungskraft allerdings muss man Verantwortung selbst übernehmen und sollte nicht nach Möglichkeiten suchen, sie in irgendeiner Form wieder abzugeben.

In meinen Augen hat diesen Sachverhalt kaum jemand besser illustriert als Julio Velasco, ein ehemaliger Trainer der italienischen Volleyball-Nationalmannschaft. Dieser hatte in seinem Team folgende Problematik zu lösen: Seine Angriffsspieler, die am Netz standen und für den Angriffsschlag, das sogenannte Schmettern, verantwortlich waren, schlugen den Ball häufig ins Aus, wenn ihnen der Ball nicht gut zugespielt worden war. Wie war daraufhin ihre Reaktion? »Ich möchte den Ball ein bisschen höher und näher am Netz haben, denn wenn du mir den Ball nicht dahin spielst, wo ich ihn haben will, kann ich nicht optimal schmettern.« Im Grunde hatte dieser Spieler damit ja nicht unrecht. Aber was sagt sein Satz aus? Dass er die Verantwortung weitergibt.

An diesem Punkt drehten sich die Zuspieler in alle Richtungen, um nach jemanden zu suchen, an den auch sie die Verantwortung weitergeben konnten. Aber der Fall war komplexer, denn die Zuspieler erhielten den Ball logischerweise von der gegnerischen Mannschaft. Konnten sie nun dem Gegner sagen: »Schlage mir doch bitte einen einfachen Ball, damit ich ihn optimal weitergeben kann!«? An diesem Punkt endet die Kette ...

Und die Auflösung dieses Konflikts? Der Trainer verkündete eine neue Regel. Er verbot den Angreifern, mit den Zuspielern weiterhin über die Qualität der Ballweitergabe zu diskutieren. Sie mussten also ihr Problem selbstständig lösen. Sie konnten nicht länger sagen: »Ich will den Ball höher oder zentraler zugespielt bekommen«, weil sie genau wussten, dass der Trainer da jetzt ganz genau hinhört. Vielmehr signalisierten sie nun mit erhobenem Daumen, wenn es ein gutes Zuspiel war. Das heißt im Umkehrschluss: Wenn der Daumen nicht nach oben ging, war das Zuspiel nicht gut.

Angreifer beim Volleyball sind regelrechte Experten, was das Zuspiel betrifft. Sie wissen alles darüber! Trifft man sie abends an der Bar, sprechen sie – über das Zuspiel. Das einzige Problem hierbei: Sie sind die Angreifer und nicht die Zuspieler. Das heißt, sie haben weiterhin nach einer Möglichkeit gesucht, die Verantwortung abzugeben, indem sie mit den Mitspielern kommunizieren, anstatt genau das nicht zu tun und stattdessen das Problem selbstständig zu lösen.

Also gab der Trainer folgende Anweisung: Er will Angreifer, die auch schlecht zugespielte Bälle gut schlagen! Und er erklärt auch, warum: Wenn die Angreifer sich darauf konzentrieren, auch schlecht zugespielte Bälle gut zu schlagen, werden sie gut zugespielte Bälle nicht nur gut, sondern sehr gut schlagen und somit die Wahrscheinlichkeit zum Punkten erheblich steigern können. Was so viel bedeutet wie: »Lasst uns nicht über das Problem *reden*, lasst es uns *lösen*!«

In vielen Teams, unabhängig, ob es sich um eine Sportmannschaft oder um ein Team in einem Unternehmen handelt, existiert eine sogenannte Alibi-Kultur. Diese mentale Einstellung veranlasst viele, für das, was getan worden ist und was hätte verbessert werden können, keine Verantwortung zu übernehmen. Verantwortung abzugeben aber führt häufig zu einem Verfehlen von Zielen, hohem Stress, Frustration und Stillstand.

Ihre Aufgabe als Führungskraft ist es deshalb, jeden einzelnen Ihrer Mitarbeiter dazu zu bringen, Verantwortung zu übernehmen. Nur so geben die Menschen unabhängig von den äußeren Umständen ihr Bestes und es kann ein außerordentlicher Spirit und Zusammenhalt in Ihrem Team entstehen.

Möglicherweise haben Sie selbst die Erfahrung gemacht, dass Sie aufgrund von äußeren Bedingungen und Umständen etwas nicht geschafft haben. In diesen Fällen ist zu fragen: »Wie kann ich das Beste daraus machen und auch in dieser Situation die besten Ergebnisse erzielen?«, anstatt die Verantwortung abzugeben und sich zu sagen, bei diesen Bedingungen könne man ohnehin nichts ändern.

Erst wenn es Ihnen gelingt, auch unter schwierigen Umständen in Bestform zu bleiben, werden Sie bei günstigen Bedingungen einfach nicht mehr aufzuhalten sein. Bedenken Sie somit stets: Verantwortlich ist man nicht nur für das, was man tut, sondern auch für das, was man nicht tut.

3.5 Entscheidungen treffen

3.5.1 Unbewusste Entscheidungen und der Instinkt

Entscheidungen zu fällen, das wird von nun an zu Ihrem Berufsalltag gehören. Lassen Sie sich aber von dieser Anforderung nicht verunsichern. Sie sind jetzt schon ein wahrer Meister darin, Entscheidungen treffen.

Die meisten Entscheidungen, die Sie in Ihrem Leben treffen, sind nämlich ein Kinderspiel. Zum einen werden sie im Bruchteil einer Sekunde getroffen – und zum andern geschieht dies vollkommen unbewusst. Das heißt für die Tausende von Entscheidungen, die Sie tagtäglich treffen, dass Sie in Wirklichkeit noch nicht einmal darüber nachdenken.

Stellen Sie sich vor, dem wäre nicht so und Sie müssten jeden Ihrer Entschlüsse erst einmal gründlich abwägen. Wahrscheinlich würden Sie aus zeitlichen Gründen morgens schon nicht mehr aus dem Haus kommen, wenn Sie erst einmal bewusst darüber nachdächten, ob Sie lieber eine oder zwei Tassen Kaffee trinken wollen. Oder die Tür knallt zu: Soll ich mich umdrehen oder nicht? Wissenschaftler haben herausgefunden, dass wir jeden Tag etwa 20 000 Entscheidungen treffen, die allermeisten innerhalb des Bruchteils einer Sekunde. Und sie sagen uns auch, dass der Mensch unbewusst 200 000 Mal so viele Informationen verarbeiten kann, wie ihm selbst bewusst wird.

All diese Entscheidungen treffen wir also instinktiv. Der Mensch hat im Lauf seiner Evolution den Instinkt als eine Art Schutzmechanismus entwickelt, um vor drohender Gefahr zu flüchten und nicht erst bewusst über die genauen Umstände nachdenken zu müssen.

Der US-Neurophysiologe Benjamin Libet stellte 1979 in einer Studie die These auf, dass unser Gehirn Millisekunden vor der eigentlichen Entscheidung bereits aktiv wird. Es entstand eine Diskussion darüber, ob wir unbewusst schon über etwas entschieden haben, bevor wir es bewusst tun. Noch heute wird das Libet-Experiment häufig in der Debatte über das Konzept der tatsächlichen menschlichen Willensfreiheit angeführt.

Nehmen wir, um das Gesagte zu verdeutlichen, nun an, Sie seien Single und am Freitagabend im angesagtesten Club in Ihrer Stadt unterwegs. Vor Ihnen bestellt eine äußerst attraktive Person Ihren Lieblingsdrink. Weil Sie sich sehr von ihr angezogen fühlen, überlegen Sie, sie anzusprechen. In Ihrem Kopf passiert nun Folgendes: Sie stehen vor der Entscheidung, sie anzusprechen in der Hoffnung, dass es zu einem schönen Abend oder mehr führen könnte. Gleichzeitig läuft in Ihrem Gehirn aber auch ein anderer Prozess auf Hochtouren: Er ist geprägt von der Angst, abgewiesen zu werden. Wissenschaftler der Harvard Universität erklären uns dazu, dass die emotionale Reaktion fast doppelt so schnell erfolgt wie die rationale. Das heißt: Wir fällen die Entscheidung *spontan unbewusst*. Erst danach setzt der Verstand ein, der rationalisiert, abwägt und kalkuliert.

Es kommt also nicht von *irgendwoher*, wenn man bei Entscheidungen auf sein Bauchgefühl hört. Andererseits: Sich ausschließlich auf sein Bauchgefühl zu verlassen, wäre durchaus fatal. Insbesondere in der Berufswelt sind Sie gut beraten, Entscheidungen auch rational und gut durchdacht zu treffen. Dazu werde ich Ihnen in diesem Kapitel verschiedene Techniken vorstellen.

3.5.2 Die Phasen in der Entscheidungsfindung

Entscheidungsfindungen können mitunter alles andere als leicht sein, denn wären sie es, so hätten Sie oft viel schneller entschieden. Versuchen Sie sich Ihre letzte wichtige Entscheidung zu vergegenwärtigen. Können Sie sich noch daran erinnern, wie Sie vorgegangen sind? Wie schwer ist sie Ihnen gefallen und wie lange haben Sie hin und her überlegt? Hatten Sie die Familie oder Freude um Rat gebeten, gründlich recherchiert und sich informiert, um am Ende doch kein bisschen schlauer gewesen zu sein? Bestimmt kennen Sie diese Situation.
Die Erkenntnis, dass Ihnen die großen und wichtigen Entscheidungen in Ihrem beruflichen und privaten Leben keiner abnimmt, bildet das Fundament der Entscheidungsfindung. Des Weiteren verabschieden Sie sich auch von der Hoffnung auf die sprichwörtliche eierlegende Wollmilchsau. Versuchen Sie es zu vermeiden, stunden- oder tagelang nach einer Lösung zu suchen, mit der Sie es allen recht machen wollen, damit das Leben für alle Beteiligten unverändert weitergeht. Denn eine solche Lösung gibt es nicht.

Natürlich spielen Emotionen bei der Entscheidungsfindung eine große Rolle. Eine der wohl negativsten Emotionen ist die Angst, und zwar die Angst vor den Konsequenzen. Es ist eine einfache Tatsache, dass es sich im Voraus nur selten ganz genau bestimmen lässt, welche Auswirkungen eine Entscheidung letztlich haben wird. Angst aber kann Sie einbremsen, ja regelrecht lähmen. Anstatt eine Entscheidung zu fällen, drehen Sie sich dann im Kreis und versuchen verzweifelt, Ihre eigene Zukunft vorherzusehen.
Zwar ist es in jedem Fall sinnvoll, Optionen abzuwägen. Aber

übertreiben Sie es nicht. Sie kennen es vielleicht aus Ihrem privaten Umfeld: Obwohl eine Reisebuchung eine erfreuliche Angelegenheit sein sollte, artet sie leider sehr oft in Stress aus. Im Internet surft man digital von einem Hotel zum nächsten und von einer Kundenbewertung zur nächsten, um am Ende gar nicht mehr zu wissen, ob man in dieser Destination überhaupt seinen wohlverdienten Urlaub verbringen will. Die Vielfalt der verschiedenen Optionen lässt uns oft verzweifeln.

Um bei diesem Beispiel zu bleiben: Wer nur zwischen drei Urlaubshotels wählen kann, findet in der Regel recht schnell seinen Favoriten. Ganz anders aber, wenn es zehn Hotels gibt, die in Frage kommen. Finden sich dann auch noch unzählige Informationen zu jeder Option, so verlieren wir den Überblick und wissen irgendwann gar nichts mehr – und am allerwenigsten, wie wir uns nun entscheiden sollen.

Leider kann man sich, wenn es um das Treffen von Entscheidungen geht, auch nichts von anderen abschauen, denn die eigentliche Entscheidungsfindung läuft im Regelfall sehr individuell ab. Obwohl jeder Mensch mit Entschlüssen anders umgeht, lässt sich dennoch ein gewisses Muster erkennen, das für alle gleichermaßen zutrifft.

Jede Entscheidungsfindung nämlich beginnt mit der Analyse der eigenen Situation und der Prioritäten, die man setzt. Wie ist der aktuelle Status? Was wollen und was erwarten Sie? In dieser ersten Phase können auch die Erwartungen von Familie, Mitarbeitern und Freunden eine Rolle spielen. Hier entscheiden Sie eigentlich schon zum ersten Mal, denn Sie legen für sich fest, was alles erfüllt sein müsste, um überhaupt in Betracht gezogen zu werden.

In einem zweiten Schritt beginnt nun die Recherche, ein wesentlicher Teil innerhalb der Entscheidungsfindung. Verschiedene Möglichkeiten werden ausgelotet, die jene Prioritäten erfüllen, für die Sie sich bereits entschieden haben.

Nun folgt die Abwägung. Sie haben einige Optionen ausgewählt, die näher in Betracht kommen. Das können vier, zehn oder auch zwanzig sein. Jetzt geht es darum, deren Vor- und Nachteile jeweils einzeln gegeneinander abwägen. Spätestens jetzt, wenn sich die Vor- und Nachteile herauskristallisieren, entsteht unweigerlich Unsicherheit. Bestenfalls kommen Sie am Ende Ihrer Abwägung zu einem Ergebnis. Aber zwischen Ergebnis und Entscheidung kann noch ein langer Weg zurückzulegen sein. Die Entscheidungsfindung verzögert sich, da sich Selbstzweifel und Angst bemerkbar machen. Und oft ist es die Zeit, die uns zu der Entscheidung drängt, die wir schlussendlich eben treffen müssen. Dieser Prozess verläuft aber nicht immer geradlinig. Oft springen wir zu einer vorangegangenen Phase zurück, insbesondere bei wichtigen Entscheidungen, die für uns große Auswirkungen haben können. Auch mag es vorkommen, dass wir in der Phase der Angst und Unsicherheit noch einmal zur Recherche zurückgehen: Wir hoffen dann, eine weitere Option zu finden, die wir vielleicht bislang noch gar nicht in Betracht gezogen hatten. Zudem ist es gar nicht so unüblich, die festgelegten Prioritäten noch einmal zu überdenken.

3.5.3 Die besten Methoden zur Entscheidungsfindung

Die Pro-und-contra-Liste

Eine Pro-und-contra-Liste ist die wohl älteste Methode, um zu einer Entscheidung zu gelangen. Auch wenn oft unterschätzt, eignet sie sich insofern gut, als Sie gezwungen sind, die Punkte aufzuschreiben. Ein chinesisches Sprichwort besagt: Selbst die schwächste Tinte ist stärker als das stärkste Gehirn. Mit einer Pro-und-contra-Liste nähern Sie sich schneller der Entscheidungsfindung und stellen somit die Weichen für Ihren endgültigen Entschluss.

Wenn Sie Ihrem Umfeld eine Vertrauensperson haben, lassen Sie sie oder Mitarbeiter ebenfalls eine solche Pro-und-contra-Liste erstellen, damit Sie sie mit Ihren Ergebnissen vergleichen können.

Bei wirklich schwierigen Entscheidungen können Sie diese Liste auch von einer neutralen Person schreiben lassen, die möglicherweise einen objektiveren Blick auf Ihr Problem hat. Das kann auch Ihnen dabei helfen, die Dinge noch einmal aus einer vollkommen anderen Perspektive zu betrachten.

Der Münzwurf

Werfen Sie eine Münze! Ja, ich meine es ernst. Wie diese Methode funktioniert, muss ich Ihnen bestimmt nicht erklären. Was oben landet, hat gewonnen; so einfach ist das.
Ich würde Ihnen aber davon abraten, eine wichtige Entscheidung tatsächlich dem Zufall zu überlassen. Dennoch kann Ihnen der Münzwurf weiterhelfen. Es geht nämlich um das Gefühl, das Sie dabei haben. Versuchen Sie auch, Ihre Gefühle zu registrieren, während Sie auf die »Entscheidung« der Münze warten. Vielleicht kommt in Ihnen sogar der Gedanke daran auf, welches Ergebnis Sie sich insgeheim wünschen. Und beachten Sie das Gefühl, das die in Ihrer Hand liegende Münze bei Ihnen auslöst. So können Sie sich bewusst machen, welche Entscheidung Sie unterbewusst möglicherweise schon längst getroffen haben.

Die Entscheidungsmatrix

Erstellen Sie eine Entscheidungsmatrix (siehe unten stehende Tabelle 3). Wenn Sie viele Optionen zur Auswahl haben, die sich eigentlich alle eigenen würden, kann Ihnen das weiterhelfen. Mit

Urlaub		Kreuzfahrt in der Karibik		Roadtrip durch die USA		per Interrail durch Europa		Ferienhaus an der Nordsee	
Kriterien	Gewichtung	Punkte	gewichtete Punkte	Punkte	gewichtete Punkte	Punkte	gewichtete Punkte	Punkte	gewichtete Punkte
Entspannung	30 %	7	2,1	2	0,6	1	0,3	8	2,4
Sportmöglichkeiten	10 %	5	0,5	1	0,1	2	0,2	1	0,1
nicht zu touristisch	20 %	1	0,2	5	1	5	1	8	1,6
größte Flexibilität	15 %	1	0,15	7	1,05	8	1,2	2	0,3
unterschiedliche Kulturen	25 %	4	1	3	0,75	6	1,5	1	0,25
	100 %	18	3,95	18	3,5	22	4,2	20	4,65

Tabelle 3: Beispiel einer Entscheidungsmatrix.

dieser Herangehensweise können Sie sich dem Problem ganz rational annähern, indem Sie alle Optionen und Kriterien auflisten und dafür jeweils Punkte vergeben. Die so entstehende Matrix wird Ihnen aufzeigen, welche Option am besten abschneidet und welche es zur höchsten Gesamtpunktzahl bringt.
Eine Entscheidungsmatrix kann Ihnen beispielsweise auch bei der Urlaubsplanung helfen. Im vorangegangenen Beispiel hat sich mit Hilfe dieser Methode herauskristallisiert, dass die wichtigsten Faktoren – und damit die für die Entscheidung maßgeblichen – die Ruhe und die Erholung sind.

Der Entscheidungsbaum

Eine weitere Methode ist der sogenannte Entscheidungsbaum (siehe nebenstehende Abbildung 3). Um zu verdeutlichen, was unter einem solchen zu verstehen ist, denken Sie an einen Spielplan einer Fußball-Weltmeisterschaft mit Sechzehntel-, Achtel-, Viertel- und Halbfinale sowie Endspiel. Lassen Sie die verschiedenen Optionen gegeneinander antreten – jeweils der Gewinner schafft es in die nächste Runde. Dieses Verfahren praktizieren Sie so lange, bis nur noch eine Möglichkeit übrig ist.

Vom Nutzen des Bauchgefühls

Hören Sie auf Ihr Bauchgefühl! Dieser Rat ist bestimmt keine Weltneuheit. Das Bauchgefühl kann aber helfen, wenn man es bei dem Vorgehen zur Entscheidungsfindung übertreibt. Sicherlich kennen Sie das Gefühl, wenn Sie eigentlich schon wissen, was Sie wollen. Oft werden Entscheidungen aus zu vielen unterschiedlichen Blickwinkeln betrachtet, sodass man am Ende das Gefühl hat, noch weniger zu wissen als am Anfang. In diesen Momenten hilft es, auf sein Bauchgefühl zu hören und sich auf den ersten Gedanken zurückzubesinnen, der einem durch den Kopf gegangen ist. Ihr Bauchgefühl »weiß« nämlich ziemlich genau, welche Entscheidung zu Ihnen passt und welche nicht. Lernen Sie, darauf zu hören und zu vertrauen.
Die Problematik hierbei ist allerdings, dass andere Menschen oft-

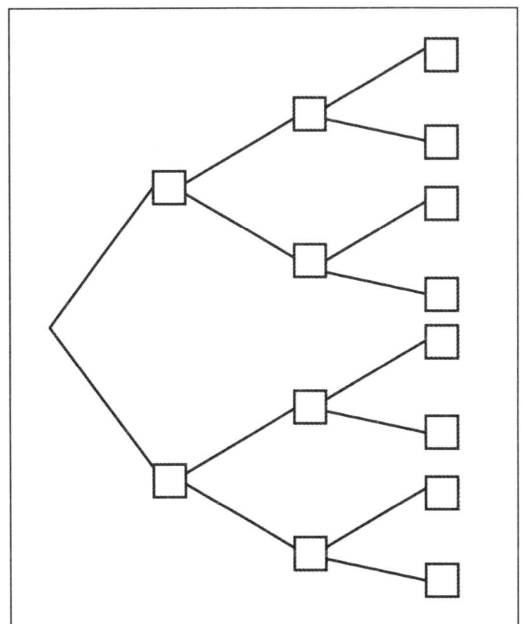

Abbildung 3: Beispiel für einen Entscheidungsbaum.

mals solche »aus dem Bauch heraus« getroffenen Entscheidungen nicht nachvollziehen können. Lassen Sie sich jedoch davon nicht irritieren.
Warum tun wir uns mit Entscheidungen aber oftmals so schwer? Weil wir uns vor den Folgen und Konsequenzen fürchten! Ist es aber nicht in vielen Fällen so, dass sich irgendwelche Folgen im Nachhinein dann als doch nicht so dramatisch erweisen, wie sie uns anfangs erschienen sind?

Was wäre der schlimmste Fall?

Auch eine sogenannte Worst-Case-Analyse kann Ihnen helfen, Entscheidungen schneller zu fällen. Schreiben Sie auf, was im allerschlimmsten Fall passieren könnte – und versuchen Sie dabei realistisch zu bleiben, auch wenn dies oft nicht einfach ist. Diese Methode kann Ihnen die Angst vor der Entscheidung nehmen, da sie Ihnen vielleicht bewusst macht, dass alles nur halb so schlimm wäre, selbst wenn Sie mit Ihrem Entschluss komplett daneben lägen. In den allermeisten Fällen gibt es immer noch einen

Weg zurück! Und es ist ein Irrglaube, dass Entschlüsse sofort und für alle Zeiten in Stein gemeißelt werden. Oft werden Entscheidungen auf die lange Bank geschoben, weil man insgeheim befürchtet, sie seien endgültig. Aber was ist schon wirklich endgültig? Wenn Sie sich dessen bewusst werden, können Sie eine Menge Druck aus der Entscheidungsfindung herausnehmen und diese so gelassener angehen.

Abwarten

Zunächst abzuwarten, wie sich die Dinge entwickeln, bevor man eine Entscheidung trifft, kann in manchen Fällen ebenfalls sinnvoll sein. Begehen Sie allerdings nicht den Fehler, daraus eine Gewohnheit zu machen. Wenn Sie nämlich Entscheidungen schon fast grundsätzlich aus dem Weg gehen und die Verantwortung dafür nicht übernehmen, kann das Auswirkungen auf Ihren beruflichen Werdegang haben. Das Hinauszögern von Entscheidungen und die damit einhergehende Angst können chronisch werden. In solchen Extremfällen spricht man von einer Decidophobie, der Angst vor Entscheidungen. Bei Menschen, die darunter leiden, können bei Entscheidungsfindungen sogar körperliche Symptome wie Herzrasen, Schwitzen, Magenschmerzen oder Kreislaufprobleme auftreten.

Häufiger entscheiden

Bessere Entscheidungen fällt man, wenn man häufiger welche trifft. Je öfter Sie sie treffen, desto stärker wird Ihnen bewusst werden, dass Sie Ihr Leben tatsächlich selbst zu steuern in der Lage sind. Sie werden künftigen Herausforderungen freudiger entgegensehen, da Sie in ihnen eine Chance sehen, neue Erkenntnisse zu gewinnen, neue Entschlüsse zu fassen und Ihre Lebensqualität generell zu verbessern.

4 Die richtigen Tools für eine moderne Führungskraft

4.1 Sich selbst und andere motivieren

In diesem Kapitel behandeln wir eines der zentralen Themen der Mitarbeiterführung: die Motivation. Warum ist sie so wichtig? Was passiert, wenn es uns nicht gelingt, unsere Mitarbeiter zu motivieren? Wie motiviere ich mich selbst, wie andere? Und muss ich eigentlich selbst immer motiviert sein, um andere motivieren zu können?

Zuerst gilt es aber etwas ganz Grundlegendes zu verstehen: Motivation hängt in der Regel nicht von der Aufgabenstellung ab, sondern von unserem Mindset und davon, wie wir diese Aufgabe wahrnehmen. Wie wäre es sonst zu erklären, dass wir uns beispielsweise an einem Tag problemlos zum Joggen aufraffen können und uns richtig auf das Laufen im Wald freuen, während wir uns ein anderes Mal regelrecht dazu zwingen müssen?

Wie funktioniert Motivation? Um dies zu beantworten, bleiben wir erst einmal beim Beispiel des Joggens. Die Beweggründe dafür, warum sich jemand drei Mal die Woche die Laufschuhe anzieht, können sehr unterschiedlich sein: um sich einfach nur in der frischen Luft zu bewegen, zwecks der Gesundheitsvorsorge, um Gewicht zu verlieren oder es zu halten. Profisportler, egal welcher Disziplin, werden sozusagen fürs Joggen bezahlt. Andere wiederum laufen zum Stressabbau oder zur Vorbereitung auf einen Wettkampf. Die Motive können somit sehr verschieden sein. Auch muss es nicht zwingend ein einziger Beweggrund sein; meistens sind es gleich mehrere.

Motivation bewirkt also, dass durch ein bestimmtes Verhalten ein Ziel erreicht werden kann. Was bedeutet dies aber übertragen auf die Führung von Mitarbeitern? Je besser Sie deren Ziele kennen oder je präziser Sie diese Ziele definiert haben, desto besser werden Sie in der Lage sein, Motivation zu vermitteln. Im weiteren Verlauf des Buches werden wir deshalb das Thema und die Wichtigkeit, Ziele für seine Mitarbeiter zu definieren, noch ausführlich behandeln.

In der Theorie ist Motivation eigentlich immer ganz einfach. Sie fragen sich aber bestimmt schon, wie es diesbezüglich in der Praxis aussieht. Auf dem Sofa liegend ist es kein Problem, sich auszumalen, zukünftig öfters zu joggen, um endlich wieder in die Lieblingshose zu passen.

Ich will Ihnen nichts vormachen. In der Praxis sieht es ganz anders aus, insbesondere für eine neue Führungskraft oder wenn man als Teamleiter ein neues Team übernimmt. Unzählige Male habe ich in diesem Zusammenhang von meinen Mitarbeitern über ihre Motivation Aussagen gehört, die eher Ausflüchte waren: »Ich wäre motivierter, wenn meine Arbeitsbedingungen besser wären«, »Mit einer Gehaltserhöhung wäre ich motivierter« oder »Wenn ich dies oder das bekomme oder dies oder das abgeben könnte, dann wäre ich motiviert«.

Ohne dies verallgemeinern zu wollen, versuchen insbesondere langjährige Mitarbeiter mitunter, einen Führungskräftewechsel dazu zu nutzen, die eigene Position, in welcher Form auch immer, zu verbessern. Natürlich hat jede neue Führungskraft den Willen, etwas zu bewegen, die Arbeitsbedingungen für die Mitarbeiter zu optimieren oder vielleicht sogar etwas Grundsätzliches zu ändern. An diesem Anspruch liegt für sie aber auch eine Gefahr. Sie besteht darin, am Anfang zu viele Zugeständnisse zu machen und bei den Mitarbeitern die Hoffnung zu nähren, dass nun alles komplett anders werden wird.

Wichtig ist somit am Anfang: Versprechen Sie nur das, was Sie auch wirklich halten können! Prüfen Sie sehr genau Ihre Möglichkeiten, bevor Sie Zugeständnisse oder Zusagen im Hinblick auf die Arbeitsbedingungen machen! Ihre Mitarbeiter sollen aber auf jeden Fall das Gefühl haben, dass Sie ihre Anliegen ernst nehmen. Nehmen Sie sich diesbezüglich die nötige Zeit und hören

Sie ihnen zu. Sollten tatsächlich schlechte Arbeitsbedingungen herrschen, ist Ihren neuen Mitarbeitern auch schon sehr geholfen, wenn sie das Gefühl haben, von Ihnen Gehör für ihre Probleme oder Anliegen zu bekommen.

Viele Motivationstheorien besagen, dass beispielsweise eine Gehaltserhöhung – wenn überhaupt – nur eine kurzfristige Leistungssteigerung zur Folge haben wird. Nehmen wir andererseits an, Sie schaffen es, die Arbeitsbedingungen Ihrer Mitarbeiter in kürzester Zeit zu verbessern, so erwarten Sie dennoch nicht, dass deren Leistungsbereitschaft sich deswegen sonderlich verbessert.

Motivation bedeutet also viel mehr als einen Firmenwagen, bessere Arbeitsbedingungen oder eine Bonusauszahlung. Um was geht es dann aber wirklich? – Es geht um Werte, die im Verhalten eines jeden Menschen tief verankert sind. Innerhalb dieser Werte spielen Hierarchien und Werteabstufungen eine Rolle. Die wohl bekannteste und beim Thema Motivation am häufigsten verwendete Form, dies deutlich zu machen, ist die so genannte Bedürfnispyramide von Maslow.

Die *Maslow'sche Bedürfnispyramide* (auch »Bedürfnishierarchie«) ist eine theoretische Grundlage der Sozialpsychologie. Sie beschreibt und erklärt Motivationen und Bedürfnisse von Menschen. Die Theorie der Pyramide sagt aus, dass die Motivation erst dann ein Bedürfnis auf der nächst höheren Stufe zu befriedigen beginnt, wenn die Bedürfnisse der Stufen darunter ausreichend erfüllt sind.

In die Berufswelt übertragen sind die Grundbedürfnisse von Mitarbeitern zwar wichtig, jedoch kaum beeinflussbar. Anders verhält es sich bereits bei den Sicherheitsbedürfnissen. Wenn ein Mitarbeiter sich unsicher ist, ob er seinen Arbeitsplatz behalten wird, wird das natürlich einen wesentlichen Einfluss auf seine Motivation haben. (In neuerer Zeit wurde die Pyramide, insbesondere bei der jüngeren Generation, allerdings gelegentlich um zwei weitere Stufen ergänzt, nämlich um »WLAN« und »Akku« – siehe die Abbildung auf der folgenden Seite.)

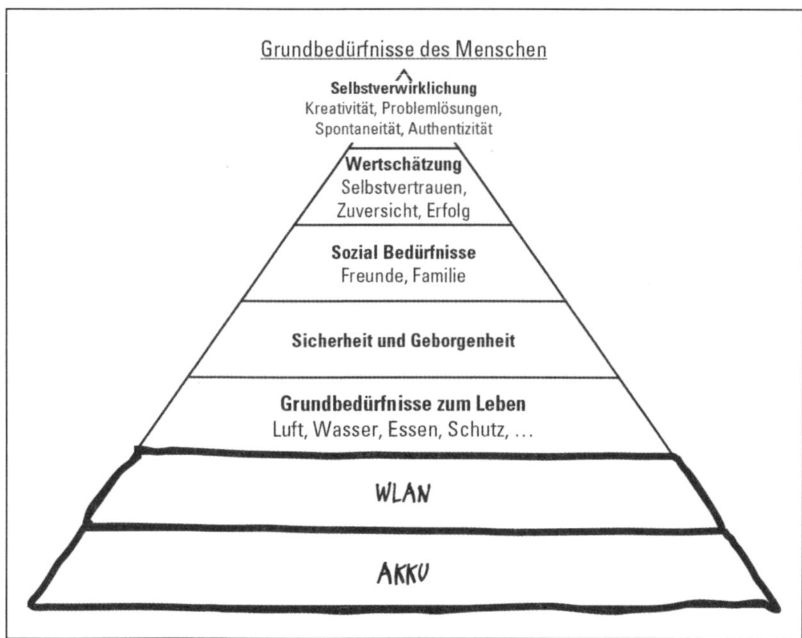

Abbildung 4: Die Maslow'sche Bedürfnispyramide, hier in erweiterter Form.

Bleiben wir aber noch kurz bei der Theorie der Motivation. Betrachten Sie dazu die beiden folgenden Motivations-Szenarien aufmerksam und lassen Sie diese auf sich wirken.

Szenario A

- Mitarbeiter erbringen wirklichen Arbeitseinsatz vornehmlich dann, wenn dieser für sie unausweichlich ist.
- Da sie sich bei der Arbeit häufig langweilen, entwickeln sie Methoden, zusätzlichen Tätigkeiten aus dem Weg zu gehen.
- Anweisungen ziehen sie der Eigeninitiative vor. Sie vermeiden es, Verantwortung zu übernehmen.
- Einfallsreich sind die Mitarbeiter weniger bei der Ausführung der ihnen zugedachten Aufgaben, sondern vielmehr dann, wenn es darum geht, Ausreden zu suchen, Fehler zu vertuschen oder sich Vorgaben aller Art zu entziehen.
- Ihr Arbeitseinsatz steht in Beziehung zu ihrer Bezahlung;

eine Gehaltserhöhung wirkt sich auf ihre Motivation ebenso aus wie Angst vor dem Verlust ihres Arbeitsplatzes.

Szenario B

- Mitarbeiter übernehmen bereitwillig Verantwortung, sofern die Arbeitsbedingungen und das Arbeitsklima ihren Vorstellungen entsprechen.
- Das Vorhandensein der Bereitschaft, Lösungen zu suchen, Kreativität einzusetzen und spontan zu agieren, darf in aller Regel voraugesetzt werden. Dieses Potential ist zu wecken.
- Arbeit wird für Mitarbeiter unter den geeigneten Bedingungen Verwirklichung, ja sogar Spaß bedeuten.
- Selbstbestimmtes Handeln liegt den Mitarbeitern am Herzen und sie begrüßen es, wenn sie an der Formulierung die Ziele mit beteiligt werden.
- Sind die entsprechenden Umstände gegeben, so werden Menschen danach streben, ihre Kompetenzen zu erweitern und ihre Potenziale zu auszuschöpfen.

Denken Sie nun an Ihre Mitarbeiter, an Ihre Kollegen und an Ihren Arbeitsplatz. Welches der beiden Szenarien der Motivation wird Ihrer Situation besser gerecht? In meinen Seminaren zu diesem Thema haben interessanterweise viele Führungskräfte auf diese Frage geantwortet: »Ganz klar, ich erkenne mich im Typ B wieder!« Befragte man dieselben Menschen aber danach, wie sie die eigenen Mitarbeiter und Arbeitskollegen einordnen würden, tendierten viele zum Typ A.
Halten Sie nun kurz inne und überlegen Sie, warum das so ist und warum Sie selbst die Einordnung so vornahmen, wie Sie es getan haben.
An welche Theorie und somit an welches Menschenbild man glaubt, hat nämlich eine grundlegende Auswirkung auf unseren Führungsstil und darüber hinaus auch auf unser tägliches Leben. Wenn Sie grundsätzlich von der Theorie A überzeugt sind, so müssen Sie sich als Führungskraft fragen, ob das, was Sie von Ihren

Mitarbeitern verlangen, mit dem übereinstimmt, was Sie selbst ihnen vorleben. Beispielsweise wird von Mitarbeitern verlangt, selbstständig und unternehmerisch zu denken. Genau diesen Mitarbeitern werden aber diesbezüglich sehr oft nicht die Möglichkeiten, Verantwortlichkeiten, Kompetenzen, Freiheiten oder die Fortbildungsmöglichkeiten gegeben, die sie bräuchten, um sich entsprechend weiterentwickeln zu können.

Erfolg

Haben Sie sich jemals gefragt, warum motivierte Menschen so erfolgreich sind? Sind sie es, weil sie motiviert sind oder sind sie motiviert, weil sie erfolgreich sind? Und warum sind Menschen, denen oft die gleichen Möglichkeiten zur Verfügung stehen, so unterschiedlich erfolgreich?

Wenn Sie mit wirklich erfolgreichen Menschen sprechen, werden Sie quer über den Globus verteilt immer wieder die gleichen Schlagwörter hören. Eines davon ist »Emotion«. Emotionen sind der Treibstoff in unserem Leben. Alles, was Sie oder ich in unserem Leben tun, ganz egal, ob Sie mit einem Fallschirm aus einem Flugzeug springen, mit einem Mountainbike fahren, spazieren gehen oder Ski fahren, ob Sie ein Fachbuch lesen oder ein Konzert besuchen – Sie machen diese Dinge, weil sie mit einer gewissen Emotion verbunden sind. Bill Clinton, der Ex-Präsident der USA, sagte ganz in diesem Sinn einmal:

Die Gewinner von morgen werden diejenigen sein, die das Spielfeld der Emotionen beherrschen.

Buchstäblich alles, was wir tun, dient der Veränderung unserer Gefühle. Grundsätzlich kann man Emotionen in zwei Grundarten unterteilen: in diejenigen, die uns antreiben, und in diejenigen, die uns einbremsen.

Eine Emotion, die uns in der Regel einbremst, ist die Angst. Angst

kann regelrecht lähmen. Es ist so, als würde uns jemand langsam aber stetig die Energie entziehen, die wir eigentlich benötigen würden, um erfolgreich zu werden. Menschen haben Angst vor dem Neuem, vor dem Ungewissen, davor, etwas Neues zu wagen oder die eigene Komfortzone zu verlassen.
Wie aber entstehen Emotionen? Sie entstehen aus unseren Gedanken – und nicht umgekehrt. Die alles entscheidende Frage ist: Welche Gedanken und somit welche Emotionen produziere ich jeden Tag? Beobachten Sie diesbezüglich am besten bei sich selbst, was Ihnen am Morgen kurz nach dem Aufwachen durch den Kopf geht, wenn Sie über Ihren bevorstehenden Arbeitstag nachdenken? Denken Sie im übertragenen Sinn: »Herrlich, wieder ein Tag, wieder eine Möglichkeit, mich zu beweisen«? Oder denken Sie: »Ach, schon wieder ein Arbeitstag, und es ist gerade erst einmal Dienstag«?
Kennen Sie die Tage, an denen Sie sich selbst einfach nicht gut fühlen, obwohl keinerlei Symptome auf eine körperliche Beeinträchtigung hinweisen? An solchen Tagen oder in solchen Momenten hört man sich selbst sagen: »Heute fühle ich mich schlecht«, oder: »Heute fühle ich mich einfach nicht gut«. Aber eigentlich sollten Sie in diesem Augenblick zu sich sagen: »Ich habe mich schlecht *gedacht*«! Denn wie schon beschrieben, steht hinter jedem Gedanken eine Emotion. Deshalb: Kontrollierten Sie Ihre Gedanken! Dabei lassen sich umgekehrt die meisten Menschen von ihren Gedanken kontrollieren.
Sie werden, was Sie denken. Beachten Sie stets, dass Ihre Gedanken Sie dahin gebracht haben, wo Sie heute sind, und Ihre Gedanken Sie dahin bringen werden, wo Sie morgen sein werden. Eine Harvard-Studie zu diesem Thema besagt: Der Geist ist zu 96 Prozent völlig unbewusst in Szenarien unterwegs, in denen man eigentlich nicht sein will. Man hängt in der Vergangenheit, ist dort in schlechten Erinnerungen gefangen, oder aber man steckt in einer möglichen Zukunft fest. Wir reden sozusagen mit uns selbst schlecht. Der Geist ist also überall, nur nicht dort, wo das Leben stattfindet, im jetzigen Moment. – Bereits Buddha lehrte:

Wir sind nicht unsere Gedanken.

Erfolgreiche Menschen haben zumeist ganz klar gesteckte Ziele, sozusagen eine Richtung, der sie folgen. Sie sind sich der enormen Kraft und Macht des eigenen Unterbewusstseins stets bewusst und versuchen es entsprechend zu beeinflussen.
Ziele sind wie Samenkörner, die Sie in Ihrem Unterbewusstsein aussäen sollten. Ihr Unterbewusstsein arbeitet Tag und Nacht in jeder Sekunde des Tages, Ihr ganzes Leben lang.
Von der Macht des Unterbewussten handelt eindrucksvoll die folgende Geschichte eines pensionierten amerikanischen Polizisten. An einem ganz normalen Tag packte er seinen Einkauf vor einer Shopping Mall in den Kofferraum seines Wagens. Dabei fiel ihm ein Fahrzeug auf, das dem seinem gegenüber geparkt war. Irgendwie kam bei ihm das Gefühl auf, dass mit diesem Wagen etwas nicht stimmte. Also rief er in seiner alten Dienststelle an, um das Nummernschild überprüfen zu lassen. Tatsächlich gehörten diese Nummernschilder zu einem als gestohlen gemeldeten Auto. Wie sich im Nachhinein herausstellte, waren die Insassen dieses Wagens – gesuchte Kriminelle, die in mehreren Bundesstaaten wegen bewaffneter Überfälle gesucht worden waren –, gerade auf dem Weg, die örtliche Bank auszurauben.
Was hatte den Mann veranlasst, dieses Auto überprüfen zu lassen? Er hatte darauf zunächst selbst keine Antwort. Erst als er die Aufnahmen des Fahrzeugs nach einer Weile nochmals eingehend betrachtete, fiel es ihm wie Schuppen von den Augen: Das Nummernschild am hinteren Teil des Wagens war voll mit toten Fliegen, wie sie normalerweise nur am vorderen Nummernschild zu finden sind. Die mutmaßlichen Täter hatten die gestohlenen Nummernschilder verkehrt herum an dem gestohlenen Fahrzeug angebracht!
Erfolgreiche Menschen haben nicht nur ganz klar gesteckte Ziele, sondern sie haben für sich auch eine ganz besondere Art der Flexibilität entwickelt. Sie haben akzeptiert, dass man manchmal

einen Schritt zurückgehen muss, um dann wieder zwei Schritte voran zu kommen. Es läuft im Berufsleben und im Leben generell nicht immer alles so, wie man sich das vorstellt oder wie man es gerne hätte. Oft muss man auf seinem Weg zum Erfolg kurzerhand eine andere Richtung einschlagen. Verfolgen Sie stets Ihre Ziele, seien Sie aber flexibel auf den Weg dorthin!
Wahrscheinlich haben Sie noch nie von Ishita Malaviya gehört. Sie war die erste Profi-Surferin Indiens, eines Landes also, in dem das Meer zum einem den Männern zum Fischen gehört und in dem zum anderen Frauen am Meer nichts verloren haben. Ishita eröffnete Indiens erste Surfschule und schaffte es in ihrem Sport sogar bis an die Weltspitze. Auf die Frage hin, was sie jungen Frauen in Indien raten würde, meinte sie:

Manchmal ist der kleinste Schritt in die richtige Richtung der größte Schritt deines Lebens. Geh auf Zehenspitzen, wenn du musst, aber geh!

Kennen Sie einen erfolgreichen Menschen, der kein Optimist ist? Ich bin noch nie einem erfolgreichen Pessimisten begegnet. Und dabei geht es um sehr viel mehr als um das sprichwörtliche halbvolle oder halbleere Glas. Kennen Sie das wichtigste Wort im Leben eines Optimisten? Es ist das kleine, aber so enorm machtvolle Wort »ja«. Und wissen Sie, welches Wort der Optimist zudem aus seinem Vokabular weitestgehend gestrichen hat? »Ja – aber«.
Also sagen Sie ja zu einer neuen Möglichkeit, sagen Sie ja zu einer neuen Herausforderung und Chance und vor allem sagen Sie ja zum Leben! Das ist die Einstellung eines erfolgreichen Menschen! Und fragt man einen solchen, welches die entscheidenden Momente in seinem Leben waren, die ihn zu dem gemacht haben, der er ist, und die ihn im beruflichen Leben an die Stelle gebracht haben, an der er jetzt steht, werden Sie fast immer dieselbe Antwort erhalten: Es waren Momente außerhalb der Komfortzone!

Bereits Thomas Jefferson traf diesbezüglich den Nagel auf den Kopf, indem er sagte: »If you want something you never had, you have to do something you've never done.« Und Henry Ford meinte: »Wer immer tut, was er schon kann, bleibt immer das, was er schon ist.« – Das eigentliche Leben findet außerhalb der Komfortzone statt, denn auch Entwicklung findet außerhalb der Komfortzone statt.

Was machen aber sehr viele Menschen viel zu oft? Sie sind in Ihrer eigenen Komfortzone gefangen. Die Bequemlichkeit hat in ihrem Leben die Oberhand gewonnen, und was am schlimmsten ist: Sie haben sich damit abgefunden.

In diesem Zusammenhang möchte ich Ihnen von einem Elefanten erzählen, der in einem Zirkus geboren wurde. Schon als kleiner Babyelefant wurde er mit seinem rechten Hinterbein an einen Pflock gekettet. Er hatte nur einen gewissen Radius – die Länge der Kette –, in dem er sich bewegen konnte. Die Kette schmerzte ihn jedes Mal, wenn er seinen Geh-Radius erweitern wollte, sodass er nach einiger Zeit einfach aufgab und sich in sein Schicksal fügte. Mit den Jahren aber wuchs er zu einem stattlichen Elefanten heran. Mit seiner Größe und seiner Kraft hätte er es, wenn er es wirklich gewollt und probiert hätte, leicht geschafft, den Pflock aus der Erde zu reißen. Doch das versuchte er nicht einmal – denn lange zuvor hatte er bereits aufgegeben.

Ein weiteres Beispiel: Von der Antike bis in die Gegenwart gab es in der Leichtathletik stets eine magische, nie erreichte Zeit, nämlich eine Meile in weniger als vier Minuten zu laufen. Bis weit in die Fünfzigerjahre des letzten Jahrhunderts hieß es sogar von der Wissenschaft, dies sei physisch nicht möglich. Der Knochenbau des Menschen würde dem entgegenstehen, das Lungenvolumen wäre viel zu klein und der Luftwiderstand zu hoch. Ein Sportler namens Roger Bannister weigerte sich, dies zu glauben. Er begann sein eigenes Training zu entwickeln, indem er nicht nur an seiner Laufkraft arbeitete, sondern auch an seiner mentalen Stärke. Und tatsächlich, am 6. Mai 1954, war es dann soweit: Er lief die Meile in einer Zeit von 3:59,4 Minuten und überwand somit die legendäre Grenze. Daraufhin brach bei vielen anderen Athleten eine innere Mauer nieder, und in der zweiten Hälfte desselben Jahres wurde die Vier-Minuten-Grenze gleich weitere 37 Mal unterboten; im darauffolgenden Jahr schafften das, was zweitausend Jahre als unerreichbar gegolten hatte, sogar 300 Läufer. Der aktuelle Rekord über die Meile liegt aktuell bei 3:43,13 Minuten.

Seine eigene Komfortzone zu verlassen bedeutet auch, Grenzen zu überschreiten. Ein eindrückliches Beispiel für die Macht, die entwickelt werden kann, wenn man seine Grenzen durchbricht, ist das vom Sozialforscher Curt Richter 1957 durchgeführte Experiment, bei dem wilde Ratten in einem Wasserbehälter einem Schwimmtest ausgesetzt werden. Nach zwei Minuten gaben die Tiere das Schwimmen auf und sanken unter Abnahme ihrer Herzfrequenz auf den Grund des Beckens. Half man den Ratten aber kurz vor dem Aufgeben mittels einer Leiter aus dem Wasser, ließ sie sich erholen und wiederholte Tage später den Versuch, so schwammen sie unglaubliche achtzig Stunden lang! Von zwei Minuten auf achtzig Stunden – was Hoffnung, Glaube und Vertrauen alles möglich machen! Nicht umsonst heißt es ja: »Der Glaube versetzt Berge.« Und wenn schon Ratten in der Lage sind, eine solch immense Leistung zu vollbringen, so ist es kaum vorstellbar, wozu der Mensch in der Lage ist, wenn er sein volles Potenzial nutzt und seine eigenen Grenzen immer und immer wieder zu sprengen versucht.

Viele erfolgreiche Führungskräfte werden Ihnen auch berichten, dass sie sich am stärksten entwickelt haben, nachdem sie bei etwas gescheitert waren, sie Fehler gemacht hatten oder sie irgendetwas in die Knie gezwungen hatte. Auf Ihrem Weg zu einer erfolgreichen Führungskraft wird es auch Sie oft aus der Bahn werfen. Das wird sich nicht vermeiden lassen.

Nehmen Sie nun ein Stück Papier und schreiben Sie die wahren Gründe auf, warum Sie eine Führungskraft werden wollen. Oder wenn Sie schon eine sind, notieren Sie die Gründe, warum Sie es geworden sind. Seien Sie ehrlich zu sich selbst. Diese Zeilen müssen Sie auch niemandem zeigen. Falten Sie nun Ihren Zettel und stecken Sie ihn in Ihren Geldbeutel. Jedes Mal, wenn Sie in Ihrer Laufbahn ins Wanken kommen, vor scheinbar unlösbaren Aufgaben oder Problemen zu stehen glauben oder wenn es einmal nicht so läuft, schauen Sie auf diesen Zettel. Denn wenn man mit voller Überzeugung von sich sagen kann, warum man etwas macht, ist das Wie in den meisten Fällen kein Problem!

4.2 Mitarbeiterführung anhand von Zielen

»Ich weiß zwar nicht, wohin ich will, aber ich laufe schon mal los.« – Nach diesem Motto agieren viele Führungskräfte und wundern sich, dass ihnen keiner folgt. Von früh bis spät werden dringende Aufgaben erledigt, aber selten sind sich die Führungskraft und die Mitarbeiter darüber im Klaren, welche kurz- oder langfristigen Ziele damit überhaupt erreicht werden sollen. In diesem Zusammenhang beschäftigen wir uns nun mit zwei grundlegenden Fragen:

- Was passiert, wenn wir uns keine Ziele setzen?
- Wie setzen wir Ziele?

Ziele zu setzen ist der erste Schritt, um das Unsichtbare in das Sichtbare zu verwandeln.

Das sagt Tony Robbins, der wohl der renommierteste Trainer und Coach unserer Tage. Robbins ist Autor einiger Bestseller über Erfolg und *Neuro-Linguistisches Programmieren* (NLP) und der Begründer der *Neuroassoziativen Konditionierung*. Für Ihre berufliche Karriere, aber vor allem für Ihre Persönlichkeitsentwicklung, rate ich Ihnen mindestens eines seiner Bücher zu lesen.

4.2.1 Was passiert, wenn wir uns keine Ziele setzen?

Stellen Sie sich Folgendes vor: Jeden Morgen geben Sie Ihren Mitarbeitern genaue Anweisungen, was sie tun sollen, informieren sie jedoch nie über Ihre Gründe. Was denken Sie, wird passieren? Die naheliegende Konsequenz wird sein, dass sie sich fragen: »Warum mache ich das hier?« Das ist zwar alles andere als förderlich – aber zumindest denken sie noch. Schlimmer wird es, wenn sie aufhören, sich selbst Gedanken zu machen, und nur noch auf die nächste Anweisung warten. Bei einer Führung ohne Zielvorgaben wird nämlich genau das eintreten. Sie erziehen Ihre Mitarbeiter zur Passivität. Das bedeutet nicht, dass anstehende Arbeiten nicht erledigt würden – das werden sie, wahrscheinlich auch im vorgegebenen Zeitrahmen. Aber, und das ist der springende Punkt, sie werden nur *erledigt*.

Führen Sie hingegen mit Zielvorgaben, werden Sie jedes einzelne Wunderwerk namens Gehirn Ihrer Mitarbeiter nutzen. Bereits einer der erfolgreichsten Unternehmer dieses Planeten, der »Shoe Dog« Phil Knight, seines Zeichens Gründer und Inhaber von *Nike*, pflegte zu sagen:

Sag den Menschen nicht, wie *sie die Dinge tun sollen.*
Sag ihnen, was *zu tun ist, und sie werden dich mit ihrem Einfallsreichtum überraschen.*

An dieser Stelle habe ich einen weiteren Buchtipp für Sie, nämlich eine der meiner Ansicht nach bestgeschriebenen und unterhaltsamsten Biographien: »Shoe Dog«, die offizielle Biographie des *Nike*-Gründers. Tiger Woods beschrieb dieses Buch sehr treffend mit folgenden Worten: »Eine großartige Lektüre. Die Tiefpunkte, Tragödien, der Wille und Glaube, etwas noch nie Dagewesenes zu erschaffen.«

Natürlich ist es mit der Mitteilung dessen, was zu tun ist, noch lange nicht getan. Führung bedeutet in diesem Zusammenhang, dass Sie ein Ziel vorgeben, Ihre Mitarbeiter den Weg dorthin aber mehr oder weniger allein finden lassen. Führung bedeutet deshalb auch, es zu bemerken, wenn Mitarbeiter vom Weg abkommen. Aus diesem Grund ist ein regelmäßiger Informationsaus-

tausch mit ihnen unerlässlich. Er dient Ihnen dazu, sich über den Grad der Zielerfüllung zu informieren. Korrekturmaßnahmen können somit direkt eingeleitet werden und gewährleisten, dass Ihre Mitarbeiter das gesteckte Ziel erreichen.
In Ihrer bisherigen Berufslaufbahn vor der Beförderung wurden Sie im Regelfall daran gemessen, ob und wie Sie Ihre Ziele erreicht haben. Mit der Gehaltserhöhung, die Sie zu Ihrem Aufstieg erhalten haben, hat sich nun noch ein weiterer Messwert dazugesellt: Ihr weiterer beruflicher Erfolg wird in Zukunft nicht nur davon abhängen, ob Sie Ihre eigenen Ziele erreichen, sondern auch davon, ob Sie in der Lage sein werden, andere zum Erfolg zu führen.

4.2.2 Wie setzen wir Ziele? SMART!

Um Ziele optimal zu definieren, gibt es mehrere Methoden oder Herangehensweisen. Am besten eignet sich jedoch die bekannte SMART-Methode. »SMART« ist ein Akronym für:
- spezifisch
- messbar
- attraktiv/anstrengend (aber erreichbar)
- realistisch
- terminiert

Was ist mit den einzelnen Begriffen gemeint?

Spezifisch

»Spezifisch« steht für eine unmissverständliche und klar formulierte Aussage, für eindeutiges Definieren und präzises Formulieren. Sie stellen dadurch sicher, dass es keinen Spielraum für Interpretationen und Nachforderungen gibt. Eine auf diese Weise »spezifisch« formulierte Aussage sollten Sie in einem einzigen Satz unterbringen.
Ihre Aufgabe: Definieren Sie eindeutig, welche Aktion, welches Resultat oder welche Verhaltensweise gezeigt oder erreicht werden soll.

Die *Schlüsselfragen* lauten:

- Was genau möchte ich erreichen?
- Habe ich mich verständlich ausgedrückt?
- Habe ich mich klar und deutlich ausgedrückt?
- Soll ein eindeutiges Resultat erreicht werden? (Welches?)
- Ist noch eine weitere Aktion erforderlich?

Beispiel aus der Praxis
»Wir müssen unsere Qualität verbessern!« – Wir verbessern unsere Qualität, indem wir die Bearbeitungszeit von Anfragen auf 24 Stunden reduzieren und die Reklamationsquote um fünf Prozent senken.

Messbar

»Messbar« bedeutet, ein Ziel so zu formulieren, dass im Nachhinein nicht subjektiv, sondern in jedem Fall objektiv zu erkennen ist, ob es auch tatsächlich erreicht wurde oder nicht. Es darf dies keine Frage der Interpretation sein. Messbarkeitskriterien sollten nach Möglichkeit als klare Größe formuliert sein, denn was man nicht messen kann, kann man nicht verbessern.
Ihre Aufgabe: Nennen Sie das gewünschte Ausmaß oder die erwartete Qualität einer Aktion, eines Resultates oder einer Verhaltensweise.

Die Schlüsselfragen lauten:

- Wie viel? → Festlegung der Leistungsziele
- Wie gut? → Festlegung der Verhaltensziele
- Wie kann ich meine Ergebnisse quantifizieren, damit sie messbar sind?

Beispiel aus der Praxis
»Wir müssen unseren Umsatz steigern!« – Wir werden bis zum 30. Juni 25 neue Kunden generiert haben mit einem Mindestumsatz von 50 000 Euro.

Attraktiv / anstrengend

»Attraktiv/anstrengend (aber erreichbar)« bedeutet in diesem Zusammengang, dass ein Ziel von allen Mitarbeitern akzeptiert werden muss. Denn fehlende Akzeptanz hat zur Folge, dass sich die Beteiligten nicht mit dem Ziel identifizieren werden und somit nicht effektiv an dessen Erreichen arbeiten werden.

Ihre Aufgabe: Beschreiben Sie den Endzustand positiv. Erklären Sie genau, welche Vorteile, auch monetäre, eintreten werden, wenn das gesetzte Ziel erreicht wird. Sprechen Sie weniger von dem steinigen Weg zum Ziel, sondern vielmehr darüber, was beim Erreichen sich zum Positiven wenden wird.

Die Schlüsselfragen lauten:

- Warum will ich dieses Ziel erreichen?
- Was wird sich dadurch in meinem beruflichen Umfeld verbessern?
- Was können wir noch alles erreichen, wenn wir erst einmal das geschafft haben?
- Wartet etwa eine positive berufliche Veränderung auf mich?

> *Beispiel aus der Praxis*
> »Eine Umsatzsteigerung von zehn Prozent wäre für uns ein attraktives Ziel.« – Eine Umsatzsteigerung von zehn Prozent ist ein attraktives Ziel, da die Mehreinnahmen in das Unternehmen reinvestiert und für eine weitere Expansion genutzt werden können, wodurch die Gewinne weiter steigen werden.

Realistisch

»Realistisch« vorzugehen, das hängt sehr eng mit Akzeptanz zusammen. Nur realistische Ziele werden akzeptiert. Und selbstverständlich motivieren realistische Ziele mehr, als Ziele, die sowieso als nicht umsetzbar oder eben als nicht realistisch angesehen werden.

Ihre Aufgabe: Stellen Sie sich die Frage, ob die Zielsetzung insofern realistisch ist, als sie in der verfügbaren Zeit, mit den Ressourcen und den persönlichen Fähigkeiten des Mitarbeiters erfüllt werden kann.

Die Schlüsselfragen lauten:

- Unterstützt die individuelle Zielsetzung die strategischen Organisations- und Bereichszielsetzungen?
- Sind die Ressourcen, die Befugnisse und die erforderlichen Fähigkeiten überhaupt vorhanden?
- Fordert die Zielsetzung ein höheres Leistungsniveau als das gegenwärtige?

Beispiel aus der Praxis

»Bis zum Ende des nächsten Jahres werden wir Marktführer unserer Branche.« – Bis zum Ende des nächsten Jahres werden wir Marktführer unserer Branche in unserer Region und gehören unter den Top 5 der Branche.

Terminiert

»Terminiert« vorzugehen bedeutet, bei der Formulierung festzulegen, zu welchem Zeitpunkt das Ziel erfüllt sein soll. Denn wo kein Termin gesetzt wurde, kann auch keiner eingehalten werden.

Ihre Aufgabe: Legen Sie eine Zeitgrenze oder ein Abschlussdatum für die Zielerreichung fest, eventuell auch einen Zeitrahmen für die Überprüfung einzelner Zwischenschritte (Aktionsplan).

Die Schlüsselfragen lauten:

- Wann soll das Ziel erreicht sein?
- Gibt es terminlich festgelegte Etappenziele?
- Gibt es einen Zeitplan?

Beispiel aus der Praxis

»Von jetzt an müssen wir uns mehr Zeit nehmen, um die Verkaufszahlen zu analysieren.« – Ab nächster Woche werden wir jeden Montag und Freitag ein »Jour fixe« von 11–12 Uhr in unseren Terminen einplanen und bei dieser Gelegenheit die Verkaufszahlen analysieren.

4.2.3 Unterschiedliche Formen von Zielen

Ziele lassen sich grundsätzlich unterteilen in

- Leistungsziele – sie beziehen sich auf die Arbeits- und Projektergebnisse,
- Prozess- und Kundenziele – sie beziehen sich auf die Effizienz und Produktivität ungenutzter Reserven,
- Verhaltensziele – sie beziehen sich auf Werte, Symbole oder im Team vereinbarte Spielregeln,
- Führungsziele – sie beziehen sich auf Führungsfelder, wie beispielsweise die Mitarbeiterentwicklung.

4.2.4 Die Qualität von Zielen

Die Welt ist das, wofür wir sie halten! Was bei zwischenmenschlichen Beziehungen in unserem täglichen Alltag funktioniert, wird auch bei Ihren größeren beruflichen Zielen klappen. Formulieren Sie Ihre Ziele positiv, nämlich so, als wären Sie gewissermaßen schon erfüllt. Sie können auf diese Weise die unbewusste Wahrnehmung Ihrer Mitarbeiter steuern, und damit steigen auch die Chancen, dass Sie Ihre Ziele in kürzerer Zeit erreichen.

Hinter einem Ziel steht oft erst einmal nur eine vage Idee. Viele gute Ideen, Vorstellungen, Träume oder Wünsche werden aber häufig durch einen selbst oder im Austausch mit anderen im Keim erstickt. Mit einer Idee melden sich gleichzeitig auch immer innere und äußere Kritiker und diejenigen, die ohnehin immer alles besser wissen.

Eine interessante Herangehensweise, wie sich eine Idee zu einem konkreten Ziel entwickeln lässt, stammt von Walt Disney. Von ihm wird berichtet, er habe in seinem Büro drei Sessel gehabt, die für unterschiedliche Zwecke zum Einsatz kamen. Einen Sessel nutzte er ausschließlich für seine Kreativität. Er war sozusagen nur für das kreative Träumen bestimmt. Zweifel, kritische Stimmen oder ein zu rationales Denken waren auf ihm nicht erlaubt. Erst wenn er für eine Idee oder ein Projekt in seiner Vorstellung genügend innere Bilder und Träume gesammelt und entwickelt hatte, setzte er sich in den zweiten Sessel. Dieser war vor allem für das konstruktive Kritisieren und das Durchdenken reserviert. Erst nachdem dieser Schritt getan war, wenn es also darum ging, das Projekt rational und konkret zu planen, wechselte Disney in seinen dritten Sessel.

4.3 Kommunikation und Gesprächsführung

4.3.1 Das Dilemma der Kommunikation

Das Dilemma der Kommunikation ist, nach Konrad Lorenz, genau das, um was es in der Kommunikation wirklich geht:

Gedacht ist nicht gesagt.
Gesagt ist nicht gehört.
Gehört ist nicht verstanden.
Verstanden ist nicht einverstanden.
Einverstanden ist nicht angewandt.
Angewandt ist nicht beibehalten.

Meine Seminare zum Thema Kommunikation beginne ich jedes Mal mit diesem Beispiel, und scherzhaft erwähne ich, dass wir eigentlich das Seminar bei dieser ersten Folie bereits beenden könnten – denn mit ihr ist im Wesentlichen schon fast alles gesagt.
In diesem Kapitel widmen wir uns der enormen Bedeutung, die einer guten Kommunikation zukommt. Jede erfolgreiche Führungskraft ist gleichzeitig auch ein guter Kommunikator! Wer sich mit Kommunikation und Gesprächsführung näher befasst, wird sehr schnell bemerken, wie unglaublich vielseitig dieses Thema ist. Die Macht der Worte ist so stark, dass es deren nicht vieler bedarf, um tiefes Glück oder Traurigkeit in seinem Gegenüber hervorzurufen.

4.3.2 Grundsätze der Kommunikation

Kommunikation ist sehr viel mehr als nur ein Aneinanderreihen von Worten. Einer der Grundsätze der Kommunikation lautet: Man kann nicht *nicht* kommunizieren. Wirklich jede Kommunikation – und nicht nur eine solche mit Worten – ist Verhalten. Und genauso, wie man sich nicht *nicht* verhalten kann, kann man nicht *nicht* kommunizieren.

Ein Beispiel: Ein Mann sitzt in einem Aufenthaltsraum eines Flughafens. Sein Flug hat Verspätung. Der Mann starrt die ganze Zeit mit gesenktem Kopf auf den Boden. Man könnte annehmen, er würde, im Vergleich zu seinen Mitreisenden, nicht kommunizieren. Und dennoch tut er es, wenngleich nicht mit Worten, denn er teilt den umstehenden Personen *nonverbal* mit, dass er keinerlei Kontakt mit ihnen haben möchte.

Als Führungskraft, insbesondere in den ersten Wochen und Monaten, steht man unter besonderer Beobachtung – auf der einen Seite durch den Vorgesetzten, der vielleicht auch die Beförderung veranlasst hat, und auf der anderen Seite durch die Mitarbeiter und Kollegen. Seien Sie sich vor diesem Hintergrund immer bewusst, dass Sie in irgendeiner Art und Weise immer kommunizieren, ob Sie wollen oder nicht.

Ein weiterer Grundsatz lautet, dass jede Art der Kommunikation einen Inhalts- und einen Beziehungsaspekt hat. Letzterer, der Beziehungsaspekt, wird immer den Inhalt mitbestimmen. Der Inhaltsaspekt bezeichnet die Aufgabe, Informationen zu vermitteln. Beim Beziehungsaspekt aber steht im Blickpunkt, wie die Information vom Empfänger aufgefasst wird. Es gilt festzuhalten, dass es keine rein informative Kommunikation gibt. Sie kennen das: Je nach dem, in welchem Verhältnis Sie zu Ihrem Gegenüber stehen, kann eine Aussage sehr unterschiedlich aufgefasst werden. Der eine Aspekt sind die gesprochenen Worte. Werden diese Worte aber unterstrichen durch Mimik, Gestik, Betonung oder Lautstärke, erreichen sie den Adressaten auf eine jeweils unterschiedliche Weise.

Wenn eine negative Beziehung auf der Inhaltsebene ausgetragen wird, führt das im Regelfall immer zu einem handfesten Streit und kann langfristig gesehen eine dauerhaft gestörte Kommunikation zur Folge haben. Sie haben es sicher schon bei sich selbst beobachtet, dass Sie in einer Diskussion die Argumente Ihres Gegenübers abgewertet haben, nicht weil dessen Aussage nicht korrekt gewesen wäre, sondern weil Sie den anderen einfach nicht leiden können.

Kommunikation ist immer ein Vorgang, der auf einem Zusammenspiel von Ursache und Wirkung beruht. Der Grund dafür ist ein einfacher: Auf jeden Reiz nämlich, den man auslöst, wird eine Reaktion erfolgen. Ganz unabhängig davon, wie Sie anderen gegenübertreten – stets werden Sie damit eine Wirkung auslösen.

Kommunikation verläuft oftmals auch kreisförmig. Was damit gemeint ist, illustriert das folgende Beispiel:

Die Frau: »Immer ziehst du dich zurück, man kann dir nicht nahekommen.«

Der Mann: »Das liegt doch daran, dass du an mir ständig etwas auszusetzen hast. Andauernd nörgelst du, wie gerade auch wieder, an mir herum.«

Die Frau dringt auf den Mann ein und der zieht sich zurück. Weil er sich ihrem Insistieren entzieht, nörgelt sie. Ein Teufelskreis.

4.3.3 Wer fragt, der führt!

Vielleicht haben Sie diese Aussage schon einmal gehört. In einer Kommunikation hat mit Sicherheit derjenige das Zepter in der Hand, der es versteht, verschiedene Fragetechniken zielführend anzuwenden. Bevor wir uns aber diesen Fragetechniken zuwenden, machen wir noch einen kurzen Ausflug in die Gehirnforschung: Wir wollen verstehen, was in Ihrem Gehirn passiert, wenn Ihnen jemand eine Frage stellt.

Stellen Sie sich vor, jemand will etwas von Ihnen wissen. Er erteilt damit Ihrem Gehirn einen Suchbefehl, und zwar ganz unabhängig davon, was Sie gefragt werden. Sie können sich diesen

Vorgang verdeutlichen, indem Sie sich vergegenwärtigen, wie Sie bei einem Computer vorgehen: Sie tippen den gesuchten Begriff in eine Maske ein und drücken auf die Enter-Taste. Ihr Computer durchsucht daraufhin seine Festplatte und wird Ihnen alle Dateien anzeigen, die den von Ihnen gesuchten Begriff enthalten. Sie öffnen diese Dateien und suchen darin nach Informationen, die Sie einmal abgespeichert haben. Auf ähnliche Weise geht auch unser Gehirn vor, wenngleich es ganz andere Dimensionen zu bewältigen hat. Ohne dass uns dies bewusst wäre, stellt das Gehirn sozusagen eine riesige neuronale Festplatte dar, auf der sich, geradezu im Verborgenen, nämlich in unserem Unterbewusstsein, Abermillionen von Informationen befinden.
Wenn Sie eine Frage stellen, üben Sie damit einen gezielten Impuls auf das Gehirn des Befragten aus. Dieser Impuls macht sich nun auf seinen Weg durch dessen Unterbewusstsein, bis es die entsprechende Information, die den Gegenstand Ihrer Frage bildet, gefunden hat. Das folgende einfache Beispiel verdeutlicht Ihnen, was passiert: Entspannen Sie sich für einen Augenblick und registrieren Sie nun ganz bewusst, welche Gedanken Ihnen durch den Kopf gehen, wenn ich Ihnen folgende Fragen stelle: Was bedeutet Ihre Mutter für Sie? Was verbinden Sie mit Ihrer Mutter?
Sicherlich konnten Sie feststellen, dass Ihr Gehirn mit vielen Informationen, Erinnerungen und Emotionen überflutet worden ist, die Sie mit Ihrer Mutter in Verbindung bringen. Es können dies Eindrücke ganz unterschiedlicher Art sein, je nachdem, wie sich Ihr Verhältnis zu ihr gerade darstellt: Wohlwollen, wenn Ihre Mutter für Sie eine Vertraute ist, Bitternis, wenn Sie mit Ihr zuletzt vielleicht im Streit auseinandergegangen sind, oder Trauer, wenn sie nicht mehr unter Ihnen weilt.
Dieser Flut von Eindrücken sind Sie ausgesetzt, ohne dass Sie sie beeinflussen können. Ihr Gehirn funktioniert so, dass es Ihnen weder gestattet, sie aufzuhalten, noch sie zu unterdrücken: Es wird unmittelbar nicht durch vernüftiges Überlegen in Gang gesetzt, sondern durch Impulse. In nur Bruchteilen einer Sekunde findet es das »Verzeichnis« mit der Überschrift »Mutter« und

überträgt unmittelbar all die darin enthaltenen Informationen aus Ihrem Unterbewusstsein in Ihr Bewusstsein.
Was bedeutet diese Erkenntnis nun für Sie als Führungskraft? Oft müssen Sie Fragen sehr gezielt stellen, um insbesondere bei Aufgaben, Problemen oder Herausforderungen die in deren Unterbewusstsein verborgenen Dateien Ihrer Mitarbeiter »anzuzapfen«. Bedienen Sie sich dieser Macht, um auf die Gehirne Ihre Mitarbeiter ganz bewusst und gezielt Einfluss zu nehmen.

4.3.4 Fragetechniken

Ihnen stehen zahlreiche Fragetechniken zur Verfügung. Nachfolgend stelle ich Ihnen die wichtigsten vor.

Geschlossene Fragen

Die bekanntesten und am meisten genutzten sind die *geschlossenen Fragen*, die nur eine Ja-nein-Antwort erfordern. Sie dienen dazu, um sehr schnell Informationen abzufragen oder ein Gespräch schnell in eine andere Richtung zu lenken.

Offene W-Fragen

Das komplette Gegenteil sind die *offenen W-Fragen*: wer, wie, was, wieso, warum, wo, weshalb, wann? Mit einer W-Frage zwingen Sie Ihren Gesprächspartner, weiter auszuholen, und können somit an Informationen gelangen, die Sie benötigen.
Gleich mit der Tür ins Haus zu fallen, kann ebenfalls eine mögliche Strategie sein. In den meisten Fällen ist sie aber nicht empfehlenswert. Abhängig von der Dringlichkeit und Wichtigkeit einer Frage eignen sich diesbezüglich sogenannte Einstiegsfragen, mit denen Sie sich zu Ihrer eigentlichen Frage »durcharbeiten«.

Die nächsten beiden Fragetechniken eignen sich besonders gut, wenn Sie in einem Meeting oder auch nur beim Brainstorming mit Ihren Mitarbeitern bei der Lösung eines Problems nicht weiterkommen. Wir haben bereits gelernt, dass gezielte Fragen oft dazu dienen können, um unbewusste »Dateien« anzuzapfen. Bei diesen Fragetechniken handelt es sich um *hypothetische und paradoxe Fragen*. Sie zielen darauf ab, einen ganz neuen Weg einzuschlagen, indem man komplett andere Fragen stellt.

Hypothetische Fragen

Stellen Sie sich vor, in Ihrem Meeting gehe es um die Steigerung des Umsatzes. Formulieren Sie nun folgende *hypothetische Frage*: Was würden wir tun, wenn wir uns bezüglich Steigerung des Umsatzes keine Gedanken über die Kosten machen müssten? Was würden wir unternehmen, wenn wir hier einen unbegrenzten Spielraum hätten? – Mit dieser Herangehensweise werden Sie bestimmt nicht auf Anhieb eine Lösung für Ihr Problem finden, aber Sie können damit Ihren Denkhorizont bewusst erweitern und dadurch auf ganz andere Ansätze stoßen.

Paradoxe Fragen

Bei den *paradoxen Fragen* ist die Herangehensweise, wie es der Name schon vermuten lässt, auch unkonventionell. Gestatten Sie es sich, auch einmal etwas kreativere Fragen zu stellen. Diese könnten Ihnen helfen, Aspekte aus einem anderen Blickwinkel zu sehen.

Rückfragen

Eine sehr einfache, aber oftmals unterschätzte Fragetechnik sind *Rückfragen*. Versuchen Sie bei dieser Technik nochmals detailliert nachzufragen, fragen Sie nach weiteren Erklärungen oder lassen Sie sich das Problem mit anderen Worten beschreiben. Diese Technik wird oft im Beschwerdemanagement eingesetzt, wenn es darum geht, im Detail zu erfragen, worum es bei der Beschwerde im Kern geht.

Perspektivwechsel

Häufig kann auch ein *Perspektivwechsel* sinnvoll sein. Man erhält dadurch eine neue Sichtweise. Wenn Sie die Dinge mit den Augen des anderen betrachten, bringen Sie Ihren Gesprächspartner vielleicht dazu, dass er auch selbst andere Perspektiven und Meinungen in Betracht zieht.

Zukunftsfragen

In jeder Diskussion, insbesondere dann, wenn das Gefühl aufkommt, dass alles zu unkonkret bleibt, sollte mindestens eine Frage konkret in die Zukunft gerichtet sein. Ohne diese Fragetechnik ist es nämlich schwierig, ein konkretes Ziel zu formulieren beziehungsweise ein Ergebnis zu erzielen und zu einer finalen Lösung zu kommen. *Zukunftsfragen* beschäftigen sich mit dem, was als nächstes getan werden muss, und sollen eine konkrete Handlung nach sich ziehen.

Bei all diesen genannten Fragetechniken handelt es sich jedoch nur um einige der gängigsten. Es bedarf einiger Übung, um diese auf eine natürliche Weise in die Konversation zu integrieren. Versuchen Sie für den Anfang ganz bewusst die eine oder andere Fragetechnik auszuprobieren – Sie werden über das Ergebnis erstaunt sein.

Es ist eines der größten Kommunikationsprobleme unserer heutigen Zeit, dass wir nicht zuhören, um zu *verstehen*. Vielmehr hören wir zu, um zu *antworten*. Begehen Sie nicht den Fehler zu denken, Sie seien ein guter Zuhörer, nur weil Sie normalerweise Ihr Gegenüber ausreden lassen. In einer Diskussion, vorrangig in einer etwas hitziger verlaufenden, sind wir teilweise so mit dem Vorformulieren unserer Antworten beschäftigt, dass wir einen großen Teil des Gesagten gar nicht mehr registrieren.

4.3.5 Die Wahrnehmung

Nehmen Sie sich eine halbe Minute Zeit und sehen Sie sich in dem Raum um, in dem Sie sich gerade befinden. Merken Sie sich in den nächsten 30 Sekunden so viele rote Gegenstände oder Ge-

genstände, die die Farbe Rot enthalten, wie Sie von Ihrem Platz aus sehen können.
Haben Sie viele rote Gegenstände gesehen?
Gut! Dann nennen Sie jetzt bitte, ohne sich erneut umzuschauen, drei gelbe Dinge aus demselben Raum.
Im Erwachsenenalter und umso älter wir werden, desto ungenauer beobachten wir die Welt, in der wir leben. Kinder hingegen beobachten ständig, sind immer offen für alles und wahre Experten, wenn es darum geht, irgendwelche Gegenstände zweckzuentfremden. Auf dem Weg zum Erwachsenwerden verlieren – oder besser gesagt: vergessen – wir diese Fähigkeit. Wir erkennen etwas und stimmen das Gesehene sofort mit unserer eigenen Erfahrung ab. Oft bemerken wir die Dinge nicht mehr als das, was sie wirklich sind, sondern kreieren unsere eigene Welt durch unseren ganz persönlichen Filter.
Es sind unsere Erfahrungen, die bestimmen, was wir sehen. Ansonsten wäre es gar nicht möglich, den folgenden Text lesen zu können:

Afugrnud enier Sduite an enier elingshcen Unvirestiät ist es eagl, in wlehcer Rienhelfoge die Bcuhtsbaen in eniem Wort sethen, das enizg wcihitge dbaie ist, dsas der estre und lzete Bcuhtsbae am rcihgiten Paltz snid. Der Rset knan tolaer Bölsdinn sein, und Sie keonen es torztedm onhe Porbelme lseen.

Vielleicht kennen auch Sie dieses Phänomen: Man entschließt sich dazu, einen roten Mercedes zu kaufen, und von nun an sehen Sie nur noch rote Mercedes auf den Straßen – zumindest aber sehr viel häufiger als zuvor, weil sich Ihre Wahrnehmung verändert hat. Oder Sie sind in einer fremden Stadt unterwegs, und unter den Tausenden Nummernschilden fallen Ihnen immer genau die aus Ihrer Heimatstadt auf.
Die Welt ist das, wofür wir sie halten! Durch unsere Erfahrung schaffen wir Erwartungen an unsere Umwelt und rechnen damit,

dass diese so erfüllt werden, wie wir es aufgrund unserer Erfahrung gewohnt sind.
Unsere Erwartung beeinflusst außerdem auch stark, wie wir andere Menschen wahrnehmen. Stellen Sie sich vor, Ihnen wird jemand als eine sehr wichtige und mächtige Person vorgestellt. Die Reaktion, die diese Einleitung in Ihnen auslöst, wird sich stark von derjenigen unterscheiden, die hervorgerufen worden wäre, wenn Sie derselben Person ohne irgendeinen derartigen Hinweis gegenübergetreten wären.
Sehr oft liegt ein großer Unterschied zwischen der Erwartung und der Realität. Lesen Sie nun folgende Zeilen:

Das
ist ein
ein schönes Gemälde

Das
ist der Grund für
für den bedeutenden Vorfall

Sind Ihnen die doppelten Wörter sofort aufgefallen? – Beim Verfassen dieses Buches testete ich bei Freunden diese Zeilen. Den meisten von ihnen sind die doppelten Wörter nicht direkt aufgefallen, interessanterweise ihren Kindern aber sofort!
Durch unsere Gewohnheiten und Erfahrungen sind wir so sehr in unseren gewohnten Denkmustern gefangen, dass es uns sehr schwer fällt, diese abzulegen. Es ist möglich, aber nicht einfach, die Dinge als das zu sehen, was sie wirklich sind, und nicht als das, wofür wir sie halten wollen. Wahre Klassiker, wenn es darum geht, unterschiedliche Wahrnehmungen bildlich zu veranschaulichen, sind die beiden Abbildungen auf der folgenden Seite. Sie erinnern Sie daran, dass Sie – ganz egal, wie sehr Sie von Ihren Argumenten überzeugt sind – nie vergessen sollten: Es ist und bleibt eine Perspektive.

Abbildung 5: Ein wahrer Klassiker, wenn es darum geht, unterschiedliche Wahrnehmungen bildlich zu veranschaulichen: Wie alt schätzen Sie diese Frau: auf 80 oder 25 Jahre? Kippbild, Postkarte aus dem Jahr 1888.

Abbildung 6: Was ist Realität? – Was wir hören, ist oft nur eine Meinung, kein Fakt. Was wir sehen, ist eine Perspektive, nicht die Wahrheit.

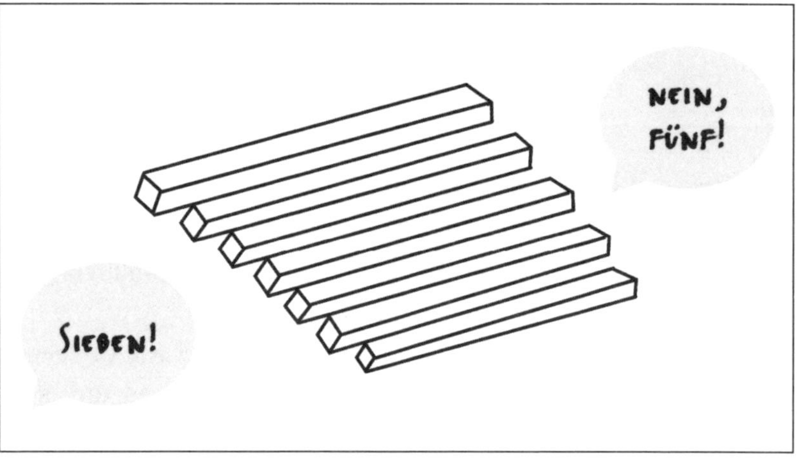

4.4 Selbst-, Zeit- und Energiemanagement

»Es ist nicht zu wenig Zeit, die wir haben, sondern es ist zu viel Zeit, die wir nicht nutzen.« (Seneca)

In diesem Kapitel widmen wir uns einem Thema, das neben der Gesundheit und der Familie wohl eines der wichtigsten und kostbarsten Dinge in unserem Leben betrifft – der Zeit. Insbesondere an Silvester oder an Geburtstagen tönt es immer wieder quer über den Erdball: »Wo ist die Zeit nur geblieben? Wie schnell doch die Zeit vergeht! Warum haben wir nicht genügend Zeit?« Wie oft hören wir uns über die Zeit lamentieren. Aber im Grunde müsste die Zeit mit uns hart zu Gericht gehen und nicht umgekehrt. Die Zeit müsste sich über uns beschweren, wie achtlos wir mit ihr umgehen und wie häufig wir versprechen, sie sinnvoller zu nutzen – und es dann doch nicht tun.
Wir laden unsere Tage – und nicht nur im Beruf, sondern auch privat – meistens viel zu voll und überfordern uns damit selbst. Was bedeutet aber *Zeitmanagement*? Wie kann ich daran arbeiten und wie kann ich es bei meinen Mitarbeitern verbessern?
Wenn von Zeitmanagement die Rede ist, geht es vorrangig immer um eines: das Identifizieren von sogenannten Zeitdieben. Zur Identifikation von Zeitfressern untergliedern Sie in einem ersten Schritt Ihren Arbeitstag nach Anteilen. Wählen Sie für diese Übung einen durchschnittlichen Arbeitstag aus, also einen ohne besondere Ereignisse oder große Überraschungen. Versuchen Sie vor jede Ihrer generellen Tätigkeiten eine Prozentzahl zu setzen. Beispiel:

- 30 % E-Mails lesen, E-Mails beantworten
- 15 % Unterbrechungen durch den Chef/die Arbeitskollegen
- 5 % ablenkende Flurgespräche
- 20 % Telefonate
- 10 % lange Besprechungen

- 5 % Ablenkung und Hin-und-her-Springen bei Recherchen
- 10 % nicht Nein-sagen-Können
- 5 % mein Perfektionismus

Markieren Sie nun Ihre fünf größten Zeitfresser und überlegen Sie entsprechende Lösungsmöglichkeiten, die Sie angehen wollen.

Viele Menschen kämpfen tagtäglich mit ihren Zeitfressern. Sie können noch so gut im »Zeitmanagen« sein – wenn Sie die Zeitfresser nicht in den Griff bekommen, treten Sie auf der Stelle. Denn wenn Sie für eine Aufgabe normalerweise zwei Stunden benötigen, brauchen Sie für die gleiche Arbeit infolge von Ablenkungen und Störungen jeglicher Art leicht doppelt so lange. Wenn man das aufsummiert, kann das über den gesamten Tag, über die Woche oder das Jahr betrachtet erhebliche Auswirkungen auf Ihre Effizienz haben.

4.4.1 Der Unterschied zwischen Effizienz und Effektivität

Was ist der Unterschied zwischen Effizienz und Effektivität? Das lässt sich gut mit dem folgenden Beispiel von einem morschen Baum erklären. Nehmen wir also an, Sie haben einen großen Garten. Darin steht ein sehr alter und morscher Baum. Wenn Sie nichts unternehmen, wird er Ihnen über kurz oder lang aufs Dach stürzen. Ihr erklärtes Ziel ist es also, den Baum zu fällen. Alle Maßnahmen, die Sie ab dem Zeitpunkt Ihrer Entscheidung ergreifen, um dieses Ergebnis zu erreichen, sind erst einmal effektiv.

Nehmen wir weiter an, Ihnen ist langweilig und Sie suchen eine Herausforderung. Also beginnen Sie, den Baum mit einem scharfkantigen Stein zu bearbeiten – dem Werkzeug der Steinzeitmenschen. Auch wenn Sie dafür einen ganzen Monat benötigen werden, bis der Baum gefällt auf dem Boden liegt, arbeiten Sie mit dem Stein durchaus effektiv – effektiv deshalb, weil Sie im Sinn Ihres Ziels arbeiten, und das ist eben nur das Fällen des Baums.

Wenn Sie hingegen den morschen Baum möglichst schnell am Boden liegen haben wollen, verwenden Sie eine Motorsäge. Nun benötigen Sie keinen Monat, sondern zehn Minuten. Mit der

Motorsäge arbeiten Sie nicht nur effektiv – also im Sinn des gewünschten Ergebnisses –, sondern auch noch effizient.
Als Führungskraft müssen Sie sich diesbezüglich im Wesentlichen immer eines fragen: Tun wir die richtigen Dinge, d. h. sind wir in unserem Handeln effektiv? Oder sind wir auch effizient, indem wir nicht nur die richtigen Dinge tun, sondern die Dinge auch richtig?

4.4.2 Zeitfresser identifizieren und Strategien gegen Zeitdiebe definieren

Kommen wir zurück auf unsere Zeitfresser. Beim Aufspüren der Zeitdiebe geht es nicht darum, diese vollständig zu eliminieren, denn dies ist einfach nicht möglich. Ihr Ziel sollte es aber sein, Ihre Zeitfresser für einen bestimmten Zeitraum (beispielsweise für eine Stunde) so weit, wie es Ihnen möglich ist, zu reduzieren. Wenn Ihnen das gelingt, werden Sie in der Lage sein, sehr viel konzentrierter an Ihren wichtigen Aufgaben zu arbeiten und diese somit in kürzerer Zeit zu erledigen. Welches sind nun aber effektive und effiziente Strategien gegen Zeitdiebe?

Der Notizzettel

Ein solcher hilft Ihnen dann, wenn Sie sich über Ihre Zeitdiebe nicht im Klaren sind. Nehmen Sie einen Zettel, ein Notizheft oder ähnliches und notieren Sie am Montagmorgen als Überschrift: »Meine Zeitdiebe«. Jedes Mal, wenn Sie beim Erledigen von wichtigen Aufgaben gestört werden, notieren Sie diese Störung, schreiben Sie genau auf, worin sie bestand und wie lange Sie dadurch von Ihrer Arbeit abgehalten wurden. Versuchen Sie dies eine ganze Arbeitswoche lang durchzuhalten. Am Ende der Woche werten Sie all diese Punkte aus und überlegen sich Lösungen, um diese Störungen und Ablenkungen in der nächsten Woche zu reduzieren.

Abschottung

Wenn Sie an einer wirklich wichtigen Aufgabe arbeiten und Sie sich sehr konzentrieren müssen, dann versuchen Sie sich abzuschotten. Leiten Sie, wenn Sie die Möglichkeit dazu haben, das Telefon um oder schalten Sie auf den Anrufbeantworter. Schließen Sie die Tür oder ziehen Sie sich an einen Ort zurück, an dem Sie ungestört sind. Es gibt nur sehr wenige Ausnahmen, die wirklich eine permanente Erreichbarkeit erfordern.

Interne Abmachungen

Interne Abmachungen gehen Hand in Hand mit einer Abschottung. Wenn Sie in einer Umgebung mit mehreren Mitarbeitern und Kollegen arbeiten, so sollte es für diese in irgendeiner Art und Weise ersichtlich sein, wenn Sie nicht gestört werden wollen. In Hollywood-Streifen übernimmt dies die Socke am Türknopf im Studentenwohnheim. Ich bin mir sicher, Sie werden auch für sich eine geeignete Form finden.

Perfektionismus

Ein häufig auftretender Zeitdieb, der gleichermaßen oft unterschätzt wird, ist der Perfektionismus. Es gibt viele Menschen, die auf Perfektion sehr großen Wert legen. Wenn ihnen eine Aufgabe zugeteilt wird, wollen sie diese möglichst perfekt erfüllen. Dies ist im Grunde ja eine sehr löbliche Eigenschaft, nur laufen sie dabei Gefahr, bei der Erledigung zu viel Zeit dafür zu investieren, um beispielsweise etwas zu verbessern oder etwas zu leisten, das niemand von ihnen gefordert hat. So verlieren sie sich leicht in Details, und dies hat unweigerlich zur Folge, dass sie ihre Termine nicht einhalten können. Konzentrieren Sie sich deshalb immer auf die geforderte Aufgabe und verzetteln Sie sich nicht in unnötigen und irrelevanten Details. Sollten Sie allerdings zum Perfektionismus tendieren, diesen jedoch bisher nicht als hinderlich betrachtet haben, dann besteht in dieser Richtung wohl auch kein Handlungsbedarf.

Das Smartphone

Das Mobiltelefon ist der unangefochtene Zeitdieb Nummer 1 in unserer heutigen Zeit und mit Abstand unser allerliebster Weggeführte, ohne den das Leben für uns nicht mehr vorstellbar ist. Zu ermitteln, wie viel Zeit Ihnen Ihr Smartphone tatsächlich jeden einzelnen Tag stiehlt, ist allerdings sehr einfach: Bei den meisten Smartphones ploppt am Ende einer jeden Woche unaufgefordert immer eine Zusammenfassung Ihrer Bildschirmzeit auf – eine detaillierte Zusammenfassung, wie viel Zeit Sie mit welchen Apps genutzt haben. Aber seien wir ehrlich: Sonderlich viel Beachtung schenken wir dieser Zusammenfassung nicht, da sie uns schonungslos aufzeigt, wie viel Zeit wir tatsächlich mit unserem Smartphone verbracht – und eben auch verloren – haben. Machen Sie sich dies bewusst, wenn Sie das nächste Mal darüber klagen, dass Sie wieder einmal keine Zeit dafür hatten, das eine oder andere zu erledigen.

Multitasking

Es zu vermeiden, sich mit zu vielen Dingen gleichzeitig zu beschäftigen, kann eine weitere hilfreiche Strategie sein. Nicht falsch verstehen: Multitasking kann mit Sicherheit in vielen Situationen sehr sinnvoll sein – aber nicht beim Erledigen von wichtigen Aufgaben. Auch wenn man denkt, dass man vieles gleichzeitig erledigen kann, verliert man in der Summe sehr viel Zeit damit, dass man, wenn auch nur für kurze Momente, sein Augenmerk von seiner eigentlichen Aufgabe abwendet.

Weitere Ablenkungen

Gelegenheiten, sich abzulenken oder abgelenkt zu werden gibt es neben dem Smartphone in reicher Zahl. Man kennt das: Eigentlich wollte man konzentriert an etwas arbeiten, vielleicht eine wichtige E-Mail schreiben. Aber schon nach wenigen Zeilen fällt einem ein, dass man ja noch nach dem Wetterbericht für das Wochenende schauen wollte. Oder eigentlich hätte man ein bisschen Hunger: Mal sehen, was der Kühlschrank noch so hergibt. – Die Reihe solcher Beispiele ließe sich bestimmt beliebig lang fortsetzen. Aber auch hier gilt: Werden Sie sich in erster Linie bewusst, wann Sie sich sozusagen gewollt ablenken lassen. Notieren Sie

sich diese Fälle und versuchen Sie derartige Ablenkungen zu vermeiden. Erstellen Sie sich einen Wochen- und Tagesplan, entweder auf die traditionelle Art und Weise mit Block und Stift oder digital. Heutzutage eignet sich dafür die digitale Kalenderfunktion, die sich auf jedem Smartphone findet, und damit hat man Zeitpunkt, Grund und Ort des bevorstehenden Meetings immer in Reichweite.
Ein Tagesplan hilft Ihnen dabei, Ihren Tag besser zu strukturieren. Gewöhnen Sie sich an, die Punkte auf Ihrer Agenda auch jeden Tag zu erledigen. Kommt etwas Unvorhergesehenes dazwischen, streichen Sie den Punkt aus dem jeweiligen Tagesplan und tragen Sie ihn sofort für den Folgetag ein. Somit stellen Sie sicher, dass Sie nichts vergessen werden.

4.5 Priorisieren: Prioritäten richtig setzen

Prioritäten richtig zu setzen ist ein weiteres sehr effektives Mittel im Zeitmanagement. Es gibt eine Unzahl von unterschiedlichen Herangehensweisen an dieses Thema, jedoch weder eine Standardmethode noch ein Patentrezept. So muss jeder für sich selbst herausfinden, welche Vorgehensweise ihm am besten zusagt. In diesem Kapitel stelle ich Ihnen einige der bekanntesten und bewährtesten Methoden vor.

4.5.1 Die ABC-Methode

Bevor wir über die ABC-Methode sprechen, beschäftigen wir uns kurz mit der »Physiognomie« des Gehirns. Das Gehirn wird von der Wissenschaft in eine linke und eine rechte Hälfte eingeteilt. In der linken Gehirnhälfte werden Daten, Fakten, Zahlen verarbeitet. In der rechten Hälfte hingegen sitzen unser Zentrum für Kreativität, Spontaneität und unsere Emotionen. »Chaotische« Menschen fällen Entscheidungen meistens intuitiv und sind daher eher in der rechten Gehirnhälfte »zu Hause«.
Die ABC-Methode steht dafür, anfallende Aufgaben lediglich nach

ihrer Wichtigkeit zu ordnen. Diese Art der Priorisierung bedient sich eines recht einfachen Verfahrens:

- A-Aufgaben: sehr wichtig (also: sofort erledigen),
- B-Aufgaben: weniger wichtig (also: später erledigen oder delegieren),
- C-Aufgaben: kaum wichtig bis unwichtig (also: delegieren oder verwerfen).

4.5.2 *Die ALPEN-Methode*

Die sogenannte ALPEN-Methode ist ebenfalls weit verbreitet. Sie hat nichts mit dem Gebirge zu tun, sondern sie verweist auf ein Akronym und steht für:

- Aufgaben/Aktivitäten sofort eintragen/aufschreiben/planen,
- Länge des Zeitbedarfs einschätzen,
- Pufferzeit einplanen (maximal 60 Prozent der Arbeitszeit verplanen),
- Entscheidung über die Prioritäten,
- Nachkontrollieren/Nachbereitung dessen, was man erreicht hat.

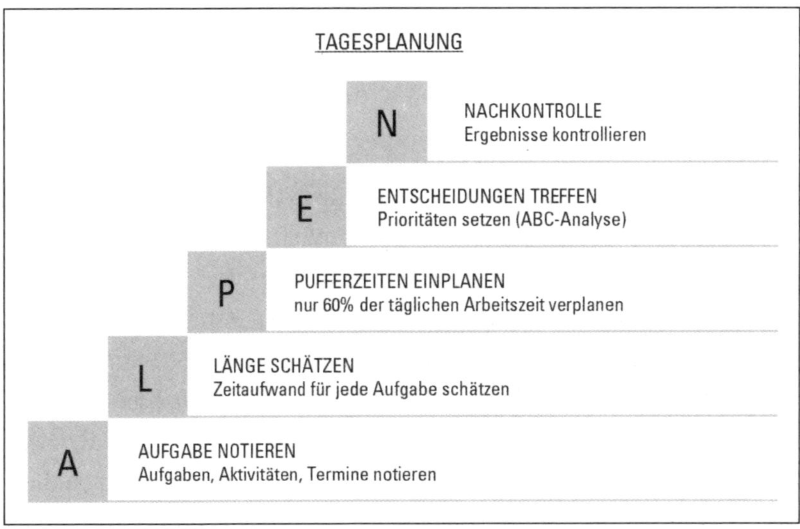

Abbildung 7: Tagesplanung mithilfe der ALPEN-Methode.

Unerledigtes wird dann auf den nächsten Tag übertragen. Mit dieser Methode geht man strukturiert und organisiert an eine Aufgabe oder ein Projekt heran. Sie eignet sich also sehr gut dafür, nichts dem Zufall zu überlassen.

4.5.3 Das GTD-Prinzip

Die Bezeichnung für diese Vorgehensweise kommt aus dem Englischen und steht für »Getting Things Done«. Das Ziel ist es, anstehende Aufgaben oder Projekte auf den nächsten wichtigen und elementaren Teilschritt zu reduzieren und diese Teilschritte nach Zeitpunkt und Ausführungsort zu kategorisieren. Somit weiß man stets, was als nächstes ansteht. Im Grunde priorisiert man so nach jedem Schritt neu.

4.5.4 Die SMART-Methode

Über diese Methode haben wir schon im Kapitel 4.2 (»Mitarbeiterführung anhand von Zielen«) ausführlich gesprochen. Aber nicht nur beim Formulieren von Zielen kann diese Methode helfen, sondern auch für das persönliche Zeitmanagement leistet sie wertvolle Dienste. Das Prinzip bleibt immer dasselbe.

4.5.5 Die Pomodoro-Methode

Bei der Pomodoro-Methode geht es tatsächlich um eine Tomate. »Pomodoro« steht im Italienischen nämlich für Tomate. Der italienische Unternehmer Francesco Cirillo war der Meinung, man müsse, um produktiver zu werden, lernen, Pausen zu machen, und nannte hierzu auch ein praktisches Beispiel: Stellen Sie sich einen Wecker auf 25 Minuten und pausieren Sie für fünf Minuten, sobald es klingelt. Danach wird weitergearbeitet. Und nach vier Einheiten gönnen Sie sich eine etwas längere Pause. So schaffen Sie es, viel länger durchzuarbeiten, und Ihr Gehirn ermüdet etwas langsamer.

Mit Recht werden Sie sich fragen, warum das Ganze »Tomaten-Methode« heißt. Ganz einfach: Cirillo benutzte für diese Technik eine Uhr in Tomatenform. Diese Methode klingt zugegebenermaßen ziemlich banal, doch sie ist – und das kann ich Ihnen aus eigener Erfahrung bestätigen – sehr effektiv.

4.5.6 Das Pareto-Prinzip im Zeitmanagement oder: die 80 : 20-Regel

Und wieder landen wir in Italien. Der italienische Soziologe und Ökonom Vilfredo Federico Pareto (1848–1913) formulierte das nach ihm benannte Prinzip, das besagt, dass wir grundsätzlich in 20 Prozent der aufgewendeten Zeit 80 Prozent der Ergebnisse erzielen können. Pareto machte diese Entdeckung zum ersten Mal Anfang des 20. Jahrhunderts, als er herausfand, dass 20 Prozent der italienischen Familien über 80 Prozent des Volksvermögens verfügen. Von diesem Verhältnis ausgehend, stellte er weiterhin fest, dass es sich in sehr vielen unterschiedlichen Lebenslagen widerspiegelt. Für das Zeitmanagement bedeutet das Pareto-Prinzip Folgendes: Üblicherweise sind 20 Prozent Ihrer Aufgaben und Tätigkeiten so wichtig, dass Sie damit bereits 80 Prozent des gesamten Erfolgs Ihrer Arbeit erzielen können. Für Ihr Zeitmanagement bedeutet das, dass Sie in den übrigen 80 Prozent der Zeit lediglich noch 20 Prozent des Ergebnisses erbringen.

Behalten Sie dies bei Ihrer täglichen Arbeit im Auge und analysieren Sie, ob es sich bei Ihnen tatsächlich auch so verhält. Wenn ja, stellt das Pareto-Prinzip für Sie eine effektive Methode des Zeitmanagements dar, mit der Sie den Aufgaben die richtige Priorität geben. Weiterhin hilft es Ihnen, Probleme bei der Zeitplanung frühzeitig zu erkennen und eine konkrete Arbeitsplanung vorzunehmen.

Das Pareto-Prinzip dient Ihnen auch dazu, sich mit Ihrem Leistungsstand und Ihrem Leistungsvermögen auseinanderzusetzen. Für seine Anwendung ist es entscheidend, sich diesbezüglich realistisch einzuschätzen. Finden Sie so Ihre Stärken und Schwächen heraus. Lernen Sie Ihr Ziel klar zu formulieren und dabei Wichtiges von Unwichtigem zu trennen, damit Sie dem Ziel näher kommen, mit 20 Prozent an Einsatz bereits 80 Prozent des Erfolgs ernten zu können.

Weitere Beispiele aus der Wirtschaft und dem Alltag

- Bei Besprechungen kommt es meistens in 20 Prozent der Zeit zu 80 Prozent der Beschlüsse.
- Bei der Schreibtischarbeit werden mit 20 Prozent der Zeit ungefähr 80 Prozent der Aufgaben bewältigt.
- 20 Prozent der Kunden oder Waren erbringen 80 Prozent des Umsatzes.
- Nur 20 Prozent der Kleidung, die wir besitzen, werden gewöhnlich getragen.
- In der Wohnung weisen 20 Prozent des Teppichs 80 Prozent der gesamten Abnutzung auf.
- 20 Prozent der Freizeitbeschäftigungen bescheren 80 Prozent der gewünschten Erholung.

4.5.7 Die Eisenhower-Methode

Diese Methode geht auf den amerikanischen General und US-Präsidenten Dwight D. Eisenhower zurück. Dieser hatte empfohlen, Aufgaben jeweils in zwei Kategorien zu unterteilen: Sind sie wichtig oder unwichtig, eilig oder nicht eilig?

Diese Methode kann man noch verfeinern, indem man ihr zwei weitere Kategorien hinzufügt, die sich in der Praxis bewährt haben und in unserer heutigen Zeit wirklich sehr bedeutend sind. Diese damit vier Kategorien setzen sich wie folgt zusammen:

- wichtig und dringend,
- wichtig und nicht dringend,
- nicht wichtig und dringend,
- nicht wichtig und nicht dringend.

Wichtig und dringend: In diese Kategorie fällt das normale Tagesgeschäft, das heißt all die Tätigkeiten, die Sie ohnehin täglich erledigen müssen und die laut Ihrer Stellenbeschreibung auch jeden Tag zu erledigen sind. Es sind dies eben Aufgaben und Tätigkeiten, die »irgendwie« immer dringend und wichtig sind, denn wenn Sie sich darum nicht kümmern, bleiben sie unerledigt.

Wichtig und nicht dringend: Dies betrifft alle Punkte, die in jedem Fall wichtig sind, aber nicht zu Ihren *täglichen* Aufgaben gehören, und die somit nicht dringend sind. Beispiele hierfür könnten sein: Motivationsabende oder Fortbildungsmaßnahmen für Ihre Mitarbeiter zu planen, aber auch Maßnahmen wie beispielsweise das Hinterfragen von Arbeitsprozessen oder die Überarbeitung von veralteten Betriebsstandards oder Checklisten fallen darunter.

Nicht wichtig und dringend: Auf diese Kategorie haben Sie als Mitarbeiter oder Führungskraft wenig bis gar keinen Einfluss, denn in diese Sparte fallen etwa Unterbrechungen durch Ihren Vorgesetzten. Auch wenn eine Frage für Sie nicht wichtig ist, mag sie doch für Ihren Chef dringend sein. Das gehört einfach zum Arbeitsalltag dazu, dass ein Vorgesetzter hereinschneit und Sie mit irgendeiner Aufgabe beauftragt, die Sie von Ihrem Tagesgeschäft abhält.

Nicht wichtig und nicht dringend: Auch diese Sparte gehört zu Ihrem Alltag einfach dazu. Hierbei können Sie sich noch so anstrengen, vollständig werden Sie diesbezügliche Probleme nämlich nicht eliminieren können. Die Rede ist von den *gewollten* Ablenkungen, von denen wir im vorangegangenen Kapitel schon gesprochen haben: der Internet-Recherche, Ihrem Smartphone, den Flurgesprächen und ähnlichem.

Tatsache ist: Wenn Sie die *wichtigen, aber nicht dringenden* Aufgaben – wie beispielsweise die Weiterbildungsmaßnahmen Ihrer Mitarbeiter zu definieren und zu konkretisieren – immer vor sich her schieben, werden sie über kurz oder lang von *wichtig und nicht dringend* zu *wichtig und dringend*. Und das bedeutet Stress, da Sie diese Dinge in Ihr Tagesgeschäft integrieren müssen, in dem ohnehin schon alles wichtig und dringend ist.

Hinzu kommen dann noch die Unterbrechungen durch Ihren Chef oder sonstige äußere Umstände, auf die Sie keinen Einfluss ha-

ben, sowie die gewollten Ablenkungen, die Sie nie ganz ausschalten können und die ja einfach auch nur menschlich sind. Stress entsteht dadurch, dass Sie für diese wichtigen Dinge nicht mehr die nötige Zeit haben, sie aber trotzdem erledigen müssen, weil Sie sie so lange vor sich her geschoben haben, und die nun auf einmal in kürzester Zeit erledigt werden müssen. Wie kann man das umgehen?
Eine hervorragende und bewährte Vorgehensweise ist es, in einem ersten Schritt die für einen selbst *wichtigen, aber nicht dringenden* Aufgaben klar zu formulieren und dies in regelmäßigen Abständen zu wiederholen. In Ihrer Wochenplanung halten Sie sich nun, je nach Umfang und Volumen dieser Aufgaben, eine gewisse Zeit frei – beispielsweise am Dienstag von 14 bis 15 Uhr –, um dann ganz konkret genau diese *wichtigen, aber nicht dringenden* Themen zu behandeln.
Wenn Sie diese Vorgehensweise kontinuierlich in Ihre Wochen- beziehungsweise Monatsplanung integrieren, werden Sie auf diese Weise sicherstellen, dass Aufgaben oder Dinge, die im Moment *wichtig, aber nicht dringend* sind, nicht irgendwann von *nicht dringend* zu *dringend* werden.

4.6 Delegieren: Aufgaben definieren und übertragen

Was bedeutet delegieren? Man versteht darunter, Aufgaben, Verantwortung, Entscheidungen oder andere Kompetenzen an Mitarbeiter zu übertragen. Führungskräfte tun sich damit oft sehr schwer. Viele fürchten einen Autoritäts- oder Kontrollverlust. Andere hingegen sind der Überzeugung, dass sie schneller und effektiver sind, wenn sie alles gleich selbst erledigen. Es gibt aber auch Chefs, die besonders häufig delegieren, weil sie annehmen, damit die Arbeit »vom Tisch« zu haben.
Am Anfang einer beruflichen Karriere als Führungskraft ist es enorm wichtig, erfolgreich zu delegieren. Warum eigentlich? Aus dem einfachen Grund, weil keiner von uns alles kann. Begehen Sie nicht den Fehler zu denken, Sie müssten immer alles erledi-

gen, nur weil Sie jetzt eine Führungskraft sind. Im Gegenteil, jetzt müssen Sie so effizient und effektiv wie möglich arbeiten, und das wird Ihnen nur gelingen, wenn Sie darin erfolgreich sind, Aufgaben an andere abzugeben.

Welches sind aber die wesentlichen Vorteile dabei? Wenn Sie lernen, Ihre Energie auf die wirklich wichtigen und wesentlichen Aufgaben zu konzentrieren, werden Sie langfristig bessere Ergebnisse erzielen. Jedes Mal, wenn Sie eine Aufgabe erfolgreich delegieren, werden Sie auch Ihre Führungskompetenzen ausbauen, da Sie sich eingehend mit der Materie und dem Mitarbeiter beschäftigt haben, an den Sie eine Verantwortung abgegeben haben. Je mehr Sie delegieren, desto mehr werden Sie auch über die Kompetenzen Ihrer Mitarbeiter erfahren. Ihre abteilungsinternen Ergebnisse werden insgesamt besser, weil die Aufgaben und Arbeiten künftig von dem jeweiligen Spezialisten in Ihrem Team erledigt werden. Dadurch verspüren Sie weniger Stress und gleichzeitig wird die Kommunikation und Motivation in Ihrer Abteilung gefördert.

Ohne Frage, es bedarf aber auch einer gehörigen Portion an Mut und Charakterstärke, Aufgaben abzugeben, gerade auch mit dem Wissen, dass Sie selbst den Job besser erledigen würden.

Es fällt deshalb vielen Führungskräften so schwer, Aufgaben abzugeben, weil die Angst, ein schlechtes Ergebnis einzufahren, oft überwiegt. Mitunter werden Sie das Gefühl haben, dass es viel zu viel Zeit in Anspruch nehmen würde, eine Aufgabe jemand anderem erst erklären zu müssen. Oder Sie befürchten den Überblick über das Gesamtprojekt und die Kontrolle insgesamt zu verlieren und so am Ende des Tages als weniger kompetent dazustehen. Frei nach dem Motto »Glauben ist nicht Wissen« sind das meiste davon nur Annahmen, sehr auf einen selbst bezogen obendrein. Langfristig wird eine solche Einstellung jedoch weder Sie noch Ihre Mitarbeiter weiterbringen.

Eines muss Ihnen von Anfang an klar werden: Wer erfolgreich delegieren will, muss ab und zu etwas wagen, sich auch einmal etwas aus dem Fenster lehnen. Allem voran aber: Machen Sie sich frei von Dingen, die Sie nur zu wissen *glauben*. Machen Sie sich auch bewusst, dass dies ein lebenslanger Lernprozess wird.

Welche konkreten Methoden gibt es zum erfolgreichen Delegieren? Beim ersten Schritt heißt es wie so oft: Stellen Sie sich die richtigen Fragen. In diesem Fall eigenen sich die bereits bekannten W-Fragen:

- Was konkret möchte ich übertragen?
- Wer hat Zeit, die Aufgaben übernehmen?
- Wie viel will ich delegieren? Kann man auch erst einmal nur einen Teil abgeben?
- Wie viel Zeit werde ich schätzungsweise benötigen, um diesen Mitarbeiter zu briefen?
- Welche Aufgaben kann wirklich nur ich selbst erledigen?
- Welche Aufgaben können andere Teammitglieder deutlich besser erledigen als ich?

In vielen Fällen werden Sie auf diese Fragen keine hundertprozentigen Antworten finden. Daher ist es wichtig, sich Stück für Stück an die betreffende Aufgabe oder Materie heranzutasten, um dann erst im Verlauf des Prozesses die Fragen restlos zu klären.

Beginnen Sie bei Mitarbeitern, die Sie selbst noch nicht lange kennen oder bei denen Sie sich schwertun, sie richtig einzuschätzen, mit Aufgaben und Projekten, die Sie eins zu eins weitergeben. Es geht also um all das, bei dem keine Eigeninitiative des Mitarbeiters erforderlich ist, und um das, bei dem nicht allzu viel falsch gemacht werden kann. Diesbezüglich werden Sie aufgrund der Rückfragen und des Ergebnisses sehr schnell erkennen, wie viel Verantwortung Sie diesem Mitarbeiter beim nächsten Mal übertragen können.

Viele Wege führen nach Rom. Freunden Sie sich von Beginn an auch damit an, dass Ihre Mitarbeiter nicht selten einen vollständig anderen Weg gehen werden als Sie, um zum Ergebnis zu kommen. Und möglicherweise werden sie Fehler begehen, die Ihnen sehr wahrscheinlich nicht unterlaufen wären. Entwickeln Sie Ihre Mitarbeiter und geben Sie ihnen Gelegenheit, aus eben diesen Fehlern zu lernen.

Eine weitere hilfreiche Methode besteht darin, einem Mitarbeiter die Möglichkeit zu geben, sich in ein Thema einzulesen und einzuarbeiten. In diesem Fall kann er dem Thema näherkommen und gegebenenfalls Rückfragen stellen, um sattelfester zu werden.

Erinnern Sie sich an das »Dilemma der Kommunikation«? Beim Delegieren einer Aufgabe ist es von enormer Wichtigkeit sicherzustellen, dass Ihr Mitarbeiter seine Aufgabe auch wirklich verstanden hat. Machen Sie deshalb klare Vorgaben. Es kommt immer wieder vor, dass ein Mitarbeiter, der vor Ihnen nicht als inkompetent dastehen will, es nicht offen zugibt, wenn ihm die übertragene Aufgabe noch nicht vollkommen klar ist. Geben Sie ihm die Möglichkeit, Fragen zu stellen. Sie schaffen dadurch Unklarheiten von vornherein aus dem Weg. Wenn Sie ganz sicher gehen wollen, so lassen Sie sich von Ihrem Mitarbeiter die Aufgabe in seinen eigenen Worten wiedergeben.

Vertrauen ist gut, Kontrolle ist besser! Mit Sicherheit haben Sie bereits Ihre eigenen persönlichen Erfahrungen mit dieser Aussage gemacht. Diesbezüglich wird es eine ständige Gratwanderung, die Sie unternehmen müssen. Achten Sie darauf, den Überblick zu behalten, und vermeiden Sie es dennoch unbedingt, Ihrem Mitarbeiter zu oft dazwischen zu funken. Er muss das Gefühl bekommen, dass Sie ihm vertrauen, sonst wird sich das negativ auf seine Motivation und damit auf das Ergebnis auswirken.

Ein wünschenswertes Ziel des Delegierens ist es, dass Ihr Mitarbeiter Ihr volles Vertrauen genießt, denn nur so wird er eigenverantwortlich und selbstständig arbeiten und auch entsprechend eigenverantwortlich Entscheidungen treffen können. Entscheidend für den langfristigen Erfolg ist allerdings eine finale Kontrolle der übertragenden Aufgabe durch Sie selbst. Bei dieser Gelegenheit können Sie Ihrem Mitarbeiter für eine gute Arbeit die verdiente Anerkennung zollen, die er benötigt, um auch zukünftige Projekte mit der nötigen Motivation anzugehen.

An dieser Stelle möchte ich Ihnen von einer Lektion erzählen, die ich in meinen Anfangsjahren als junge Führungskraft gelernt habe. Ziemlich kurzfristig fiel damals einer meiner Supervisoren aus und ich musste sehr schnell ein wichtiges Projekt delegieren, das ich allein zeitlich nie bewältigt hätte. Meine Wahl fiel auf einen Mitarbeiter, dem ich es zum einen zutraute und mit dem ich zum anderen einfach gerne enger zusammenarbeiten wollte. Davon, dass er der Aufgabe gewachsen sei, war ich felsenfest überzeugt. Zudem nahm ich an, ihm damit zu einem Karrieresprung zu verhelfen. Mein Vorgesetzter jedoch riet mir dringend von meinem Plan ab, und auch der Mitarbeiter selbst war alles andere als überzeugt, der ihm zugedachten Herausforderung wirklich gewachsen zu sein. Mein Blick war sozusagen getrübt, da ich weder darauf achtete, was mir empfohlen worden war, noch darauf, was der Mitarbeiter selbst wollte. Vielmehr orientierte ich mich nur daran, was ich selbst wollte. Im Nachhinein könnte man sogar sagen, dass ich diesen Mitarbeiter regelrecht überredete. Und so kam es, wie es kommen musste: All das, was mein Vorgesetzter vorausgesagt hatte, trat ein. Der Mitarbeiter war, obwohl ich ihm jede erdenkliche Unterstützung zukommen ließ, von seiner Aufgabe überfordert, und zuletzt musste mein Vorgesetzter intervenieren, um größeren Schaden abzuwenden. – Es zählt beim Delegieren somit weder, wie überzeugt Sie von einer Sache sind, noch, wie überzeugend Sie sein können.

5 Kompetenzen für souveränes Führen

5.1 Kenne deine Mitarbeiter!

5.1.1 Vier Persönlichkeitstypen

Mitarbeiter zu führen bedeutet, Mitarbeiter zu verstehen. Wenn man nicht weiß, wen man vor sich hat, kann man ihn auch nicht führen. Um diese Aussage dreht sich alles im folgenden Kapitel. Die Frage lautet nun: Welches sind die konkreten Vorteile, wenn Sie genau wissen, mit welchen Persönlichkeiten Sie es bei Ihren Mitarbeitern zu tun haben? Welche Chancen und Möglichkeiten ergeben sich daraus für Sie als Führungskraft? Überlegen Sie aber auch: Welches sind die Nachteile, wenn Sie sich nicht eingehend mit Ihren Mitarbeitern beschäftigen und alle auf die gleiche Weise führen?

Vieles liegt auf der Hand. Nehmen Sie sich kurz Zeit und denken Sie über Ihr Verhältnis zu Ihren Geschwistern, Eltern und Ihrem Partner nach. Auf welche Art und Weise haben Sie mit ihnen kommuniziert, wenn Sie etwas erreichen wollten. Selbstverständlich kennen Sie diese Menschen bereits Ihr ganzes Leben lang und wissen genau, welche Form der Kommunikation hier zum Ziel führen wird. Berechtigterweise werden Sie jetzt denken: Gut, mit der Familie ist es einfach, aber meine Mitarbeiter kenne ich erst seit ein paar Wochen oder Monaten. Da haben Sie natürlich recht, aber das Prinzip ist dasselbe.

Die Psychologie unterscheidet zahlreiche Persönlichkeitstypen. Es gibt Ansätze, Mitarbeiter in 16 verschiedene Persönlichkeiten zu unterteilen. Meiner Meinung nach geht das, zumindest für den augenblicklichen Zeitpunkt Ihrer beruflichen Laufbahn, etwas zu sehr ins Detail. Absolut ausreichend ist es daher, wenn Sie sich dessen bewusst sind, dass Ihre Mitarbeiter mindestens einer der nun folgenden Kategorien zugeordnet werden können. Zu unterscheiden sind vier Persönlichkeitstypen:

- Macher
- Menschenfreund / der Soziale
- Diva
- Analytiker

Der Macher

Wie es schon die Etikettierung vermuten lässt, sind Macher all diejenigen, die die Dinge anpacken und sie einfach machen. Sie arbeiten zuverlässig und sind zudem sehr diszipliniert. Zielstrebigkeit und Ehrgeiz sind weitere Merkmale ihrer Persönlichkeit. Der Macher ist sozusagen die Frau oder der Mann zum Pferdestehlen. Oberste Priorität hat für sie immer, ein Ziel schnellstmöglich zu erreichen. Angetrieben von ihrer wetteifernden Natur und dem Hang zum Gewinnen, kommunizieren sie mit ihren Kollegen und Mitarbeitern ausschließlich zielorientiert. Sie arbeiteten sehr hartnäckig und höchst effizient. Stets sehr motiviert, gehen sie bereitwillig neue Projekte an, da sie auch über die Fähigkeit verfügen, sich selbst zu motivieren. Macher nehmen von Natur aus auch gerne eine Vorbildfunktion ein. Konflikten gehen sie nicht aus dem Weg, sofern es ihnen zum Erreichen eines Zieles nützlich erscheint.

Nun werden Sie denken: Ja, hervorragend! Genau solche Mitarbeiter würde ich mir wünschen! In der Tat ist es immer sehr angenehm, eine solche Persönlichkeit im Team zu haben. Bei der Führung von Mitarbeitern geht es aber darum, sich nicht nur auf deren guten Eigenschaften auszuruhen, sondern in erster Linie diese zunächst einmal zu erkennen und sie gleichzeitig zu fördern, sodass ihre Stärken auch Stärken bleiben.

Eine gute Führungskraft muss aber auch in der Lage sein, die Schwächen dieser Persönlichkeit zu erkennen und wissen, wie sie damit umzugehen hat. Zu den Schwächen der Macher gehört definitiv, dass sie sich zwar vor Konflikten nicht scheuen, aber selbst schlecht Kritik vertragen. Aufgrund ihres großen Selbstbewusstseins halten sich diese Anführertypen oft für fehlerlos oder suchen die Fehler sofort bei ihren Kollegen, anstatt sich auch einmal an die eigene Nase zu fassen. Keine Frage, Macher können und wissen viel, erscheinen aber gelegentlich auch als besserwisserisch.

Von ihren Kollegen werden diese Gewinnertypen häufig als kontrollierend und rücksichtslos erlebt. Durch ihr ständiges Bestreben, Ziele zu erreichen, haben sie zwar keine großen Probleme damit, Entscheidungen zu treffen, fällen diese aber oftmals viel zu schnell und unüberlegt. Auf ihr Team bezogen ist somit ihre wohl größte Schwäche die, dass ihre Teamfähigkeit sehr ins Schwanken gerät, wenn ihre Arbeitskollegen nicht so mitziehen, wie sie sich das vorstellen. Da sie anderen Kollegen häufig wenig Raum überlassen, führt das unweigerlich zu deren Demotivation und zu Konflikten.

Nachdem wir uns jetzt ausführlich mit den Stärken und den Schwächen dieses Persönlichkeitstyps auseinandergesetzt haben, geht es nun darum zu verstehen, wie Sie den Macher am besten führen können. Schlagwort Nummer 1 ist mit Sicherheit: Ziele! Dieser Typ Mensch benötigt große und vor allem auch langfristige Ziele. Überlegen Sie diesbezüglich sehr gründlich und wählen Sie diese mit Bedacht. Generell dürfen Ziele dann schon ganz schöne »Brocken« sein. Diese Mitarbeiter wollen sich beweisen, das heißt, sie benötigen Ziele, an denen sie wachsen oder, noch besser, über sich hinauswachsen können. Der Macher benötigt ganz einfach formulierte Informationen darüber, worauf er hinarbeiten muss. Das beste Tool, das Ihnen diesbezüglich zur Verfügung steht, sind Zielvereinbarungsgespräche. Im Abschnitt 5.6 dieses Buches werden wir uns noch ausführlich mit dieser Thematik befassen.

Diesen Mitarbeiter ständig zu kontrollieren, wäre nicht förderlich. Das würde seinen »Flow« nur unnötig verlangsamen. Lenken Sie die Energie, die solche Menschen meist im Überfluss haben, in die von Ihnen gewünschten Bahnen. Eine klare Kommunikation ist dabei von enormer Wichtigkeit. Der Macher will nach kurzer

Zeit wissen, woran er bei Ihnen ist. Diesbezüglich sollten Sie versuchen, ihm Ihr Vertrauen möglichst schnell entgegenzubringen. Wichtig hierbei ist, dass Sie auch das klar und deutlich signalisieren.

Da sie sehr von sich überzeugt sind, können solche Mitarbeitertypen leider oftmals auch schlechte Zuhörer sein. Dieses Defizit führt mitunter sogar so weit, dass sie sich selbst Steine in den Weg legen. Sie müssen den Macher dazu bringen, Ihnen und anderen zuzuhören. Er muss unbedingt lernen, dass seine Kollegen anders ticken als er selbst – was aber keineswegs bedeutet, dass sie die von Ihnen gesetzten Ziele nicht erreichen wollen. Nur, und das ist der wesentliche Unterschied: Menschen können eine vollkommen unterschiedliche Herangehensweise an den Tag legen, um ihre Ziele zu erreichen. Dem Macher muss deutlich gemacht werden, dass auch die anderen gute Ideen haben können. Bei Konflikten, die in diesem Kontext unweigerlich entstehen, führen klare Worte am ehesten zum Erfolg.

Um sich richtig entfalten und ordentlich »Gas geben« zu können, benötigen Macher gewisse Freiheiten und Freiräume, und das führt Sie zu einem weiteren Problem bei der Führung dieser Mitarbeiter, nämlich dem der Grenzen: Sie müssen einen goldenen Mittelweg finden, indem Sie sie zwar »machen lassen«, ihnen aber trotzdem klare Grenzen aufzeigen.

Im Vergleich zu anderen Persönlichkeitstypen, die ich noch vorstellen werde, benötigen Macher ganz generell gesehen weniger Lob und Anerkennung. Dennoch kann man hierbei als Führungskraft sehr schnell Fehler begehen. Ich erinnere mich noch sehr gut an den ersten Macher in meinem Team, bei dem ich leider einen sehr großen Fehler in der Führung begangen habe. Dieser Mitarbeiter war so konstant in seinen guten Leistungen, dass ich anfangs noch lobende Worte fand. Allmählich aber habe ich mich so sehr an sein Niveau gewöhnt, dass ich dieses irgendwann als selbstverständlich erachtet habe und ihn somit auch weniger lobte. Auch wenn der Macher-Typ aufgrund seines enormen Antriebs nicht zwingend ein Lob benötigt, um voranzukommen, verlangt er trotzdem nach ausdrücklicher Wertschätzung. Denn nichts – und das gilt für alle Lebenslagen – sollte als selbstverständlich angesehen werden.

Der Menschenfreund

Für diesen Persönlichkeitstyp gibt es auch andere Bezeichnungen, wie der »Verbindliche« oder der »Integrative«. Zu seinen absoluten Stärken gehören seine sehr guten Kommunikationskompetenzen. Von allen hier vorgestellten Persönlichkeitstypen ist der Menschenfreund mit Sicherheit der beste Kommunikator. Er liebt die Menschen geradezu. Für ihn stehen die Mitmenschen und somit auch die Arbeitskollegen an oberster Stelle. Er ist ein Mensch, der sich einfach für andere interessiert; er möchte sie wirklich kennenlernen und nicht nur an der Oberfläche kratzen. Und er legt Wert darauf, andere Menschen zu verstehen und sie im Rahmen ihrer Möglichkeiten jederzeit zu unterstützen. Menschenfreunde achten stets auf das schwächste Glied in der Kette. Man trifft auf Menschen mit diesen Verhaltenseigenschaften vor allem dort, wo es auf Sozialkompetenz ankommt, also in den Branchen Soziale Arbeit sowie im pädagogischen oder im Personalbereich und in der Medizin.
Neben seinen Stärken hat natürlich auch dieser Persönlichkeitstyp seine Schwächen. Insbesondere ist hier der Mangel an Kritikfähigkeit zu nennen, denn aufgrund seiner Sensibilität hat er mitunter Schwierigkeiten, Kritik anzunehmen. Sehr viel ausgeprägter ist jedoch die Tatsache, dass er es zu vermeiden sucht, selbst Kritik auszusprechen, und sei sie auch konstruktiv. Warum? Er will grundsätzlich Konflikte vermeiden, um sich nur ja keine Feinde zu machen. Darunter leidet sein Durchsetzungsvermögen. Andererseits aber vermag sich ein solcher Mitarbeiter auch durchzusetzen, nur auf seine ganz eigene Art und Weise und eben nicht für alle offensichtlich. Des Weiteren hält der Menschenfreund seine Meinung oftmals zurück und schließt sich lieber der Mehrheit an, um auch da eventuellen Konflikten schon von vornherein aus dem Weg zu gehen. Das hat dann zur Folge, dass diese Mitarbei-

ter innerhalb eines Teams sehr schnell und leicht zu beeinflussen sind.

Wie bereits erwähnt, haben solche Persönlichkeiten mit Sicherheit außerordentlich gute Fähigkeiten in der Kommunikation. Sie kommunizieren grundsätzlich einfach gerne, nur mitunter leider auch zu viel – so viel, dass es oft ins Tratschen ausufert. Da sie ihren Arbeitsablauf dadurch viel zu oft unterbrechen, leidet darunter dann ihre Effektivität.

Aus eigener Erfahrung kann ich bestätigen, dass der Typus des Menschenfreunds es einem Vorgesetzten nicht einfach macht, ihn nicht zu mögen. Da er immer guter Laune ist und auch im Umgang mit einem Vorgesetzten versucht, jedem Konflikt aus dem Weg zu gehen, kaschiert er somit oft sein Unwissen oder seine Unsicherheiten. Das heißt, es ist für einen Vorgesetzten tatsächlich schwierig, solche Mitarbeiter zu maßregeln, da man selbst häufig ein besonderes Verhältnis zu ihnen aufbaut. Das wiederum bedeutet, dass die Gefahr besteht, mit ihnen nicht so hart ins Gericht zu gehen wie mit anderen.

Für ein Team sind solche Mitarbeiter aber ungemein wichtig, da sie immer für gute Stimmung sorgen, sehr fürsorglich mit neuen Mitarbeitern oder mit Kollegen umgehen, die irgendwelche Krisen, sei es beruflich oder privat, zu überstehen haben.

Bei der Führung eines Menschenfreunds gilt es für Sie als Vorgesetzter, auf Ihre Kommunikation mit ihm besonders zu achten, vor allem in dem Sinn, dass Sie sich genügend Zeit für Gespräche nehmen, die zwischendurch auch eine etwas persönlichere Note erhalten dürfen.

Während es beispielsweise einem Macher mehr um den Inhalt einer Anweisung geht, achtet der Menschenfreund neben dem Inhalt auch sehr auf Ihre Art und Weise der Kommunikation, also auch auf deren nonverbale Aspekte. Weit kommen Sie mit ihm, wenn Sie ihn zum einen spüren lassen, dass auch Sie Freude an der Kommunikation mit ihm haben, und wenn Sie ihm keine geschlossenen Fragen stellen (ja/nein), sondern ihn mit offenen Fragen (was, wie, warum?) konfrontieren.

Insbesondere neuen Mitarbeitern dieses Persönlichkeitstyps sollten Sie die Zeit geben, sich in ihrem neuen Arbeitsumfeld zu akklimatisieren. Und überfallen Sie sie nicht gleich mit unzähligen Aufgaben.
Sollten Sie irgendwann in einer Diskussion oder während eines Meetings in die Gefahr geraten, dass es ausufern könnte, versuchen Sie gerade diesen Mitarbeiter mit einzubeziehen. In hitzigen Diskussionen werden ein Macher oder eine Diva, zu der wir im nächsten Abschnitt kommen, regelrecht abdrehen, vielleicht auch die rationale Ebene verlassen und sehr ichbezogen argumentieren. Ein Menschenfreund hingegen wird sich immer vor das Team stellen. Er verfügt über eine diplomatische Art, und diese Eigenschaft können Sie für sich nutzen.

Die Diva

Weitere Bezeichnungen für diesen Menschentyp sind der »Freigeist« oder der »Expressive«. Die Diva liebt die Freiheit und jagt jedem Abenteuer hinterher. Als absoluter Freigeist neigt sie dazu, Schwierigkeiten mit klaren Vorgaben oder Anweisungen zu haben, da sie diese oft auf eine ganz eigensinnige Art und Weise interpretiert. Wenn sie nämlich der Meinung ist, dass bestimmte Anweisungen sie in ihrem Tun und Denken einschränken, schaltet sie gerne auf stur. Dabei sind Diven sehr kreative Köpfe, die gerne zu ungewöhnlichen Methoden greifen, um ihre Ziele zu erreichen. Leider fehlt es ihnen manchmal an Disziplin und Struktur. Ihre schnell abnehmende Aufmerksamkeit verleitet sie dann zur Schusseligkeit.
Eine Diva hat auch in den allermeisten Fällen eine ganz besondere Ausstrahlung. Menschen geben sich gerne mit diesem Persönlichkeitstyp ab, da er einfach aus der Reihe fällt und sie von seiner Ausstrahlung profitieren können.
Konflikten begegnen Diven in der Regel zwar sehr ungezwungen, doch können sie dabei aber auch ihr Temperament in durchaus ungeahnte Höhen schnellen lassen. Sie brauchen das Rampenlicht und lieben es, im Mittelpunkt zu stehen. Als Vorgesetzter

sind Sie daher gut beraten, wenn Sie Ihnen diese Bühne auch zugestehen.
Eines ihrer größten Defizite sind mit Sicherheit die oft enormen Stimmungsschwankungen: Von top motiviert und euphorisch kann ihr Befinden binnen Sekunden in tiefe Betrübtheit umschlagen. Bei schlechter Laune sind sie oft im wahrsten Sinn des Wortes zu nichts zu gebrauchen. Dafür können sie aber, wenn sie in guter Stimmung sind, wirklich Unglaubliches leisten und sind dann in der Lage, Menschen für sich zu begeistern.
Mitarbeiter dieses Typs benötigen von Natur aus ein besonderes Maß an Aufmerksamkeit und Anerkennung. Oftmals achten sie sehr auf ihr Äußeres und haben ein Faible für Mode, die gerne auch einmal etwas extravaganter sein darf. Sparen Sie also nicht mit persönlichen Komplimenten über ihr neuestes Outfit oder sonstige Accessoires.
Aufgrund ihres ständigen Drangs nach immer neuen Abenteuern langweilen sie sich schnell, da sie andauernd den Wunsch nach etwas Neuem verspüren. Das Führen dieser Mitarbeiter kann zu einer Herausforderung werden, da es sehr wichtig ist, einen persönlichen Draht zu ihnen aufzubauen.
In meinem allerersten Team als Führungskraft hatte ich eine Dame, die so ziemlich alle soeben beschriebenen Attribute besaß. Es dauerte wirklich lange, bis ich einen Zugang zu ihr fand. Anders ausgedrückt: Wir haben uns sehr lange so gut wie überhaupt nicht verstanden. Diese Person war eine Meisterin der Haarfrisuren. Wahrscheinlich hatte sie oft die halbe Nacht damit verbracht, an ihrer neuesten Kreation zu arbeiten. Ich persönlich trage die immer gleiche Frisur, seitdem ich 16 bin, und konnte folglich damit einfach nicht viel anfangen. Eines Morgens jedoch versuchte ich einmal etwas Neues, indem ich ihr ein Kompliment für ihre Haarkreation machte und mich dafür interessierte, wie sie diese ohne fremde Hilfe zustande gebracht hatte. Ihre Reaktion darauf war für mich eine so große Überraschung, dass ich mir an dem Morgen vorgenommen habe, dies öfters zu machen, es aber nicht zu übertreiben. Das Ergebnis war wirklich erstaun-

lich: Innerhalb kürzester Zeit hatte sich mein Verhältnis zu ihr und mein Vertrauen in sie um 180 Grad gedreht, und als ich ihr noch ab und zu die Bühne überließ, auf der sie richtig aufblühte, wurde sie zu einer meiner besten Mitarbeiterinnen.

Der Analytiker

Er ist der letzte in dieser Reihe der Persönlichkeitstypen. Man bezeichnet ihn scherzhaft gern auch als den »Listen-Typ«. »ZDF« steht in diesem Fall nicht für das Zweite Deutsche Fernsehen, sondern für »Zahlen, Daten, Fakten«. Diese drei Wörter bestimmen sein Leben.

Analytiker sind stets sehr organisiert und strukturiert. Deshalb lieben sie es, Listen zu erstellen. Ein Analytiker schreibt eine Einkaufsliste nicht, um etwas nicht zu vergessen, denn dafür würde er sie nicht benötigen. Er bereitet sich einfach gerne gut auf etwas vor und macht da oft keinen Unterschied zwischen einer wichtigen Analyse für die Geschäftsleitung und einem simplen Einkaufszettel. So will er auch Arbeitsprozesse planen, bewerten und nachvollziehen können. Folglich gehören Statistiken zu seinen Steckenpferden.

Dieser Typ besticht durch seine hohe Kontinuität. Er arbeitet sehr präzise und vor allem sehr zuverlässig. Einen Fehler in der Liste eines dieser Mitarbeiter werden Sie selten finden. Mit seiner Tendenz zum Workaholic kniet er sich allerdings oftmals zu extrem in Aufgaben hinein. Des Weiteren besitzt er eine sehr ausgeprägte Beobachtungsgabe und bemerkt schnell, aus welchen Gründen Dinge nicht in die gewünschte Richtung laufen. Diesbezüglich spricht er Probleme offen an und entwickelt auch selbstständig Alternativen.

Analytiker laufen Gefahr, innerhalb eines Teams als Einzelgänger abgestempelt zu werden. Sie sind grundehrlich, gehen mit ihren Mitmenschen jedoch nicht immer mit der nötigen Diplomatie um, und so kann es sein, dass sich Kollegen für ihre direkte, offene Art nicht immer sonderlich begeistern werden. Oft übertreiben sie es mit ihrer Genauigkeit und arbeiten manchmal zu »akade-

misch«. Einmal eine Fünf gerade sein zu lassen, das liegt definitiv nicht in ihrer DNA.
Die Tatsache, dass der Listentyp immer sehr strukturiert vorgeht, bedeutet in der Umkehrung aber auch, dass er sich damit selbst oft im Weg steht, da er mehr oder weniger ein Opfer seiner Struktur ist. Dass er sich oft sehr schwer tut, Wichtiges von weniger Wichtigem zu unterscheiden, gehört zu seinen großen Defiziten. Auch mit Veränderungen hat solch ein Mitarbeiter Probleme. Geben Sie ihm deshalb immer genügend Zeit dafür, sich auf neue Arbeitssysteme oder Kollegen einzustellen.
Begehen Sie beim Führen von diesen Mitarbeitern aber nicht den Fehler, sich selbst nicht genügend vorzubereiten. Mit ungefähren Zielvorgaben können sie nichts anfangen. Seien Sie darauf vorbereitet, nach Zahlen, Belegen, Fakten und noch mehr Datenmaterial gefragt zu werden.
Spontaneität gehört ebenfalls nicht zu den Stärken des Analytikers. Vermeiden Sie deshalb spontane Überfälle und kündigen Sie ihm anstehende wichtige Termine, Gespräche und ähnliches nach Möglichkeit stets rechtzeitig an. Versuchen Sie auch, ihm immer nachvollziehbare und gezielte Antworten zu geben. Es liegt einfach in seinem Naturell, Ursachen und Zusammenhänge logisch und rational erfassen zu wollen.
Im Gegensatz zur Diva bringen beim Analytiker persönliche Komplimente zur neuesten Jacke überhaupt nichts, im Gegenteil. Versuchen Sie nicht, ihm zu schmeicheln, denn damit kann er nichts anfangen. Körperliche Nähe wie Schulterklopfen oder ähnliches sollten Sie ebenfalls vermeiden, zumindest so lange, bis Sie eine persönliche Beziehung zu ihm aufgebaut haben.
Beachten Sie in der Kommunikation mit dem Analytiker stets, eine korrekte Form wahren, denn er legt großen Wert auf Klarheit. Mit langen Abschweifungen und ewigem Drum-herum-Gerede kann er nicht gut umgehen. Kommen Sie deshalb klar und deutlich auf den Punkt.
Der Analytiker sucht alles andere als das Scheinwerferlicht. Wollen Sie ihn zufrieden sehen, so geben Sie ihm Listen, die abge-

arbeitet werden sollen – Checklisten, To-do-Listen, Follow-up-Listen und ähnliches – und lassen Sie ihn Statistiken erstellen.

Jetzt, da Sie alle vier Persönlichkeitstypen kennengelernt haben, stellen Sie sich die Folgen und Konsequenzen vor, wenn Sie etwa einen Macher ewig lange Statistiken ausarbeiten lassen, einen Analytiker auf eine Bühne stellen, mit einen Menschenfreund schlecht oder überhaupt nicht kommunizieren oder einer Diva die Möglichkeit verwehren, sich im Scheinwerferlicht allgemeiner Beachtung zu präsentieren. – Sie alle würden wie Blumen verkümmern, denen man Licht und Wasser entzogen hat. Wenn sie über einen längeren Zeitraum entgegen ihrem Naturell eingesetzt werden, stumpfen sie ab, werden demotiviert und arbeiten, wenn überhaupt, nur noch nach Vorschrift. Nutzen Sie für sich die absolut positiven Eigenschaften jedes einzelnen Typs, und Sie werden erstaunt sein, zu was Ihre Mitarbeiter fähig sind.
Viele werden wahrscheinlich die Sitcom »The Big Bang Theory« kennen, die als eine der erfolgreichsten Serien TV-Geschichte geschrieben hat. Wenn Sie jedem der vier Hauptdarsteller eine der vier Persönlichkeiten zuordnen müssten, dann würde die Verteilung sicher so aussehen: Macher – Leonard, Menschenfreund – Rajesh, Diva – Howard, Analytiker – Sheldon.
Und nun versuchen Sie, alle Ihre Mitarbeiter entsprechend diesen vier Persönlichkeitstypen einzuteilen. Fragen Sie sich, ob jeder von ihnen eigentlich auf dem richtigen Posten sitzt, ob er die für ihn geeigneten Aufgaben zugeteilt bekommt und ob er die entsprechende Verantwortung innehat. Wenn nicht: Legen Sie für sich einen Aktionsplan fest, wie Sie dies ändern wollen. Bei allen anderen überlegen Sie sich eine Maßnahme, die Sie zukünftig anwenden oder ausprobieren wollen.
Doch nun folgt der schwierige Teil. Mir ist bewusst, dass Sie in Ihrem Team vielleicht nur vereinzelt Mitarbeiter haben, die genau in das obige Einteilungsschema passen. Nur die allerwenigsten vereinigen in sich die Eigenschaften eines einzigen Persönlichkeitstyps. Vielmehr sieht es in Wirklichkeit so aus, dass jeder Mit-

arbeiter Eigenschaften von allen vier Persönlichkeitstypen aufweist. Jedoch wird jeder Mensch zu einem bestimmten Typus besonders tendieren. Und genau darum geht es bei der Führung von Mitarbeitern: Sie müssen verstehen, mit welcher Persönlichkeit Sie es zu tun haben. Das gelingt nicht von heute auf morgen. Vielmehr müssen Sie Zeit investieren, um Ihre Mitarbeiter zu beobachten, zu analysieren und vor allen mit Ihnen zu sprechen.

5.1.2 High Performer, Low Performer und Nine-to-Fiver

Warum ist es für Sie so unverzichtbar zu wissen, mit welcher Persönlichkeit Sie es bei der Führung von Mitarbeitern zu tun haben? Wenn Sie wissen, wie diese »ticken« und Sie ihre Stärken und Schwächen gut einzuschätzen wissen, ist dies schon ein wichtiger erster Schritt, um zu einer guten Führungskraft zu werden. Aber dies allein reicht noch nicht aus. Von ebenso großer Bedeutung ist es für Sie, stets ein Auge auf die sogenannte Performance Ihrer Mitarbeiter zu haben.
In meiner Zeit als Geschäftsführer von unterschiedlichen Betrieben habe ich mir ein Hilfsmittel aneignet, das mir stets sehr geholfen hat, meine Mitarbeiter gezielter und individueller zu führen. In jedem Unternehmen der Welt gibt es nämlich drei klassische Mitarbeitertypen: die »High Performer«, die »Low Performer« und die »Nine-to-Fiver«. Bevor wir uns mit dieser Einteilung näher beschäftigen, betrachten wir die grundlegenden Charakteristika der einzelnen Mitarbeitertypen.

High Performer sind Mitarbeiter, die in erster Linie selbstständig arbeiten und mitdenken. Sie sind sehr ehrgeizig und engagiert und denken nicht nur *mit*, sondern sie sind auch in der Lage, vernetzt zu denken. Sie sind sich der großen Bedeutung einer guten Kommunikation bewusst und kommunizieren entsprechend. Generell sind sie sich in besonderem Maß ihrer Verantwortung bewusst, arbeiten sehr lösungsorientiert und erledigen ihre Aufgaben meist selbstständig.

Nine-to-Fiver bezeichnet sinngemäß Mitarbeiter, die von 9 Uhr morgens bis 17 Uhr arbeiten. Sie legen Wert darauf, dass pünktlich um 17 Uhr und keine Minute später der Stift oder was auch immer fallengelassen wird. »Dienst nach Vorschrift« steht auf ihrer Fahne. Generell fallen sie weder negativ noch positiv auf. Sie machen, was sie machen müssen, aber auch nicht mehr. In der Regel sind sie auch gut in ihrem eigenen Bereich, schauen aber nicht sonderlich weit über den Tellerrand hinaus.
Als *Low Performer* bezeichnet man Mitarbeiter, die das Betriebsklima regelrecht stören. Der Firma gegenüber negativ eingestellt, ziehen sie andere Kollegen mit herunter. Es kann vorkommen, dass sie sogar außerhalb des Betriebs schlecht über die Firma sprechen, und in manchen Fällen können sie durchaus geschäftsschädigend sein.

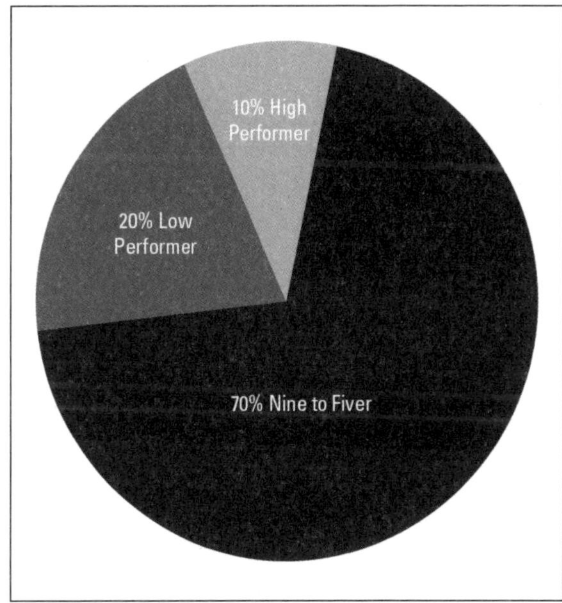

Abbildung 8: Persönlichkeitstypen von Mitarbeitern und ihre Verteilung. Diese prozentuale Aufteilung gibt Durchschnittswerte wieder, wie sie in vielen, aber mit Sicherheit nicht in allen Betrieben vorzufinden sind.

Fertigen Sie nun eine Liste mit all Ihren Mitarbeitern an und ordnen Sie sie der jeweiligen Kategorie zu. Nehmen Sie es sich vor, diese Einteilung mindestens zwei bis drei Mal im Jahr zu machen. Ziel dieser Übung ist es unter anderem auch, dass Sie sich ganz bewusst mit Ihren Mitarbeitern beschäftigen. Wenn irgendwann Ihr Führungskräftealltag Sie eingeholt hat und Sie mit Sicherheit operativ mehr als nur ausgelastet sein werden, gehen solche Maßnahmen leider oft unter.

Sobald Sie mit dieser Einteilung fertig sind – die natürlich nur dann einen Sinn hat, wenn Sie auch gewissenhaft ausgeführt wurde –, gehen Sie diese Liste zwei Mal durch. Zu allererst betrachten Sie sich jeden Ihrer Mitarbeiter nochmals einzeln und überlegen sich, bei welchem die Gefahr am größten ist, dass er in die jeweils niedrigere Stufe rutscht. Bei der nächsten Einteilung beurteilen Sie, bei welchem Mitarbeiter das Potenzial am größten ist, dass er eine Stufe nach oben steigt. Nach dieser Einteilung legen Sie für jeden von ihnen abgestimmte Maßnahmen fest.

Sind Sie sich allerdings unbedingt folgender Tatsache bewusst: Obgleich diese Liste nur Ihnen selbst dazu dienen wird, dass Sie sich ein profunderes Bild von Ihrer Mitarbeiterschaft machen, um den einzelnen Personen im Rahmen ihrer Möglichkeiten gerecht werden zu können, so enthält sie letztlich doch Bewertungen über Menschen. Auch wenn Sie sie also in bester Absicht erstellt haben, eignet sie sich nicht für die Augen Dritter!

5.2 Talente und Potenzial

Wie oft haben Sie das schon gehört: »Dieser Mensch hat Talente und Potenzial, nur weiß er diese nicht recht zu nutzen?« Dahinter steckt mehr als nur die unmittelbare Aussage. Vielmehr bringt der Satz auch zum Ausdruck, worauf es ankommt und was die eigentliche Herausforderung ist. Denn so groß die Bedeutung auch sein mag, die den Talenten und dem Potenzial einer Person zugesprochen werden – entscheidend ist es, sie zum einen zu kennen und sie zum anderen weiterzuentwickeln, um sie wirklich gezielt und effektiv nutzen zu können. Die Übungen, die in diesem Kapitel beschrieben werden, sollen Ihnen dabei helfen, Ihre eigenen Talente und Potenziale und die Ihrer Mitarbeiter zu erkennen.

5.2.1 *Der Unterschied zwischen Talent und Potenzial*

Was verstehen wir unter »Potenzial«? Der Begriff gibt eine Antwort auf die Frage: Wohin kann man sich noch entwickeln, und zwar auf der Grundlage dessen, was man bereits kann. Die Feststellung eines Potenzials ist also immer eine in die Zukunft gerichtete Aussage: Wie groß ist die Wahrscheinlichkeit, dass jemand durch den Erwerb von neuem Wissen oder durch neue Erfahrungen eine Tätigkeit erfolgreicher ausüben kann, als das gegenwärtig der Fall ist?

Unter »Talent« hingegen verstehen wir eine Begabung, die in der Person von Natur aus angelegt ist. Talent ist wie eine Ressource, die jederzeit abgerufen werden kann. Allerdings: Ressourcen gründen sich nicht zwingend auf Talent.

Ist Talent aber eine feste Größe, die nicht mehr entwickelt werden kann? Nein, keineswegs! Nur leider wird gerade dies viel zu oft angenommen. Man ruht sich dann bereitwillig auf Aussagen aus, wie: »Dafür habe ich kein Talent.« Oder: »Da kann ich ohnehin nichts machen, dazu fehlt mir die Begabung.« Warum ist das so? Weil man sich vorschnell Mozart, Messi oder Einstein zum Maßstab nimmt. Dabei kann man Talent durchaus auch erwerben – wenngleich sicher nicht von heute auf morgen. Damit will ich nicht sagen, dass, wenn jemand ein sehr schlechtes räumliches Vorstellungsvermögen besitzt, er sich lediglich mehr anzustrengen bräuchte, um ein Stararchitekt zu werden. Wir alle haben unsere physiologischen und psychologischen Grenzen. Innerhalb von diesen aber ist jede Menge an Entwicklung möglich.

5.2.2 *Wie erkennt man Talent?*

Offensichtliches Talent, das ist die eine Sache. Um das zu erkennen, ist im Regelfall nicht der Manager des Jahres vonnöten. Anders verhält es sich bei den weniger offensichtlichen Talenten. In diesen Fällen kann eine Talentdiagnose dabei helfen, die eher verborgenen Fähigkeiten aufzuspüren.

Der erste Schritt: Wir konzentrieren uns auf die Stärken unserer Mitarbeiter und nicht auf ihre Schwächen. Wir sind ja nicht in der Schule, wo es darum geht, Fehler zu finden. Der Blick muss sich vielmehr darauf richten, was der Mitarbeiter kann. Die Fragen, die sich Ihnen also stellen, lauten:

– Was passiert, wenn ich die Talente und Potenziale in meinem Team nicht erkenne und nicht zu nutzen weiß?
– Was passiert, wenn ich die Talente und Potenziale meiner Mitarbeiter erkenne und sie optimal einzusetzen verstehe?

Übung

Legen Sie das Buch zur Seite und versuchen Sie alle Punkte aufzuschreiben, die Ihnen zu diesen beiden Fragen einfallen. Bei gründlicher und gewissenhafter Überlegung wird Ihnen so die Wichtigkeit ins Bewusstsein gerückt, welche Auswirkungen – negative wie positive – es haben kann, wenn Sie diesem Thema nicht die nötige Aufmerksamkeit und Gewichtung geben.

Bei dem nun folgenden Schritt geht es darum, bei seinen Mitarbeitern eventuell versteckte Talente oder Potenziale ins Bewusstsein zu rücken.

Übung

Alle Mitarbeiternamen des Teams werden in eine Spalte auf der linken Seite des Blattes geschrieben. In der Spalte daneben müssen nun alle Mitarbeiter zu jedem Teammitglied eine positive Eigenschaft eintragen, die sie an ihm oder ihr besonders schätzen. Danach werden diese positiven Eigenschaften laut vorgelesen. Dies dient dazu, jedem seine positive Eigenschaften deutlich zu machen. Es ist nämlich ein großer Unterschied, ob man nur von sich selbst denkt, die eine oder andere positive Eigenschaft zu besitzen, oder ob diese auch von den eigenen Kollegen in gleicher Weise wahrgenommen und bewertet wird.

Mittels eines Beispiels aus der Praxis will ich dies erläutern. Einem Mitarbeiter wurde bei dieser Übung mehrmals gesagt, dass die Kollegen seine ruhige, besonnene Art im Umgang mit schwierigen Kunden oder anlässlich von Reklamationen sehr schätzen würden. Diese seine Fähigkeit war ihm selbst nicht bewusst. Vielmehr waren für ihn Reklamationsgespräche stets ein Grauen. Von dem Zeitpunkt an, als er die Bestätigung seiner Fähigkeit von seinen Arbeitskollegen erhalten hatte, sah er diese Gespräche jedoch aus einem ganz anderen Blickwinkel. Ihm war sein Potenzial nun bewusster und er perfektionierte es so sehr, dass er nach knapp zwei Jahren zum Quality Manager des Unternehmens ernannt wurde.
Natürlich gibt es auch noch sehr viele weitere Möglichkeiten, die Potenziale und Talente von Mitarbeitern herauszufinden, etwa professionelle Potenzialanalysen, Fragebögen, Talenttests, Rollenspiele oder andere Techniken. Meine Erfahrung jedoch hat klar gezeigt, dass es immer noch die effektivste Methode ist, sich die Zeit zu nehmen, sich selbst zielgerichtet und aufmerksam ein Bild von seinen Mitarbeitern zu machen. Besonders gut kommen Eigenschaften bei der Bewältigung von Krisen, Problemen oder Herausforderungen zum Vorschein. Sie als Führungskraft haben direkten Zugang zu den Potenzialen und Ressourcen Ihrer Mitarbeiter. Trauen Sie diesen durchaus auch einmal mehr zu und versuchen Sie, die Arbeitseinteilung bei Gelegenheit zu variieren. Im Kapitel 5.1.2 (»High Performer, Low Performer und Nine-to-Fiver«) wurde dieser Aspekt bereits vertieft.

5.3 Führen von schwierigen Mitarbeitern

Ich kann es Ihnen noch nicht einmal verdenken, dass Sie nach dem Kauf dieses Buches vielleicht direkt dieses Kapitel aufgeschlagen haben. Studien haben nämlich gezeigt, dass das meistbehandelte Thema bei Coachings mit Führungskräften neben dem Selbst- und Zeitmanagement das Führen von »schwierigen« Mitarbeitern ist. Es ist ja auch verständlich und nachvollziehbar.

Schwierige Mitarbeiter kosten eine Führungskraft mitunter viel Zeit und Nerven. Wenn alle Mitarbeiter *High Perfomer* wären, total motiviert, mitdenkend und dergleichen mehr, so wäre es ein Leichtes, eine Führungskraft zu sein. Gute Mitarbeiter machen es einem auch leicht, von sich selbst zu glauben, eine solche zu sein.
Aber die Fähigkeit einer Führungskraft erweist sich erst im Umgang mit den schwierigen Mitarbeitern so richtig. Dieser gehört einfach auch zu ihrem Alltag dazu. Dabei ist es in erster Linie wichtig, sich selbst zu hinterfragen. Viel zu oft begehen nämlich Vorgesetzte den Fehler, einen Mitarbeiter »in eine Schublade zu stecken« und ihn fortan darin zu belassen. In der Verantwortung einer jeden Führungskraft liegt es aber, sich selbst diesbezüglich die richtigen Fragen zu stellen.
Bevor wir uns diesen Fragen zuwenden, sollten wir definieren, was »schwierig« im Zusammenhang mit Mitarbeitern überhaupt bedeutet. Welche Merkmale kennzeichnen einen schwierigen Mitarbeiter? Wenn Sie verschiedene Chefs fragen, sind deren Antworten meist identisch: Schwierige Mitarbeiter sind faul, ziehen andere Mitarbeiter runter und verbreiten schlechte Stimmung, bringen unzureichende Ergebnisse, sind demotiviert und tun einfach nicht das, was man von ihnen verlangt. Machen wir uns nun jedoch bewusst, dass es sich hierbei in erster Linie nur um eine persönliche Meinung des Vorgesetzten handelt. So *wirkt* dieser Mitarbeiter auf den Chef. Es ist aber auch nur *eine* Sicht auf die Dinge. Würde man nun diesen Mitarbeiter fragen, warum er demotiviert sei, würde er Ihnen eine ganz andere Version der Lage schildern.
Sie kennen mit Sicherheit das Sprichwort: Ein Scheit brennt nie allein. Haben nicht viele von uns – und da würde ich mich auch nicht ausschließen wollen – ihre Schwierigkeiten damit, die Tatsache zu akzeptieren, dass es sehr oft mit einem selbst zu tun hat, wenn man jemanden als schwierig empfindet? Ich möchte damit keineswegs sagen, dass es nur an der Führungskraft allein liegt, aber die Überlegung kann Ihnen helfen, sich in diesen Situationen zu hinterfragen und ganz genau zu analysieren, warum Sie der Ansicht sind, ein Mitarbeiter sei schwierig.

Also stellen Sie sich auch hier wieder die richtigen Fragen:
- Was genau stört mich an diesem Mitarbeiter?
- Wann genau stört es mich? Grundsätzlich? Oder beispielsweise, wenn ich versuche, selbst konzentriert an etwas zu arbeiten?
- Ist es seine Art? Oder wie er spricht? Wie er mit Kollegen oder mit Geschäftspartnern umgeht?
- Erbringt er die geforderten Leistungen nicht, weil er nicht will oder weil er nicht kann?
- Tritt sein Fehlverhalten immer auf oder nur in bestimmten Situationen?

Nachdem Sie all diese Fragen für sich beantwortet haben, stellen Sie sich auch noch die folgenden. Und seien Sie dabei ehrlich zu sich selbst:
- Würden Sie Ihre persönliche Einstellung derzeit als positiv einschätzen?
- Können Sie grundsätzlich irgendwelche Sympathien für diesen Mitarbeiter entwickeln?
- Sind Sie gerecht in Bezug auf diesen Mitarbeiter?
- Gehen Sie mit diesem Mitarbeiter respektvoll um?
- Interessieren Sie sich für diesen Mitarbeiter?
- Interessiert Sie eher Ihre oder seine Sicht zum Thema?
- Was wissen Sie über sein privates Umfeld?
- Lassen Sie diesen Mitarbeiter überhaupt an sich heran?

Diese Fragen sollen Ihnen dabei helfen, sich an Ihre eigene Nase zu fassen. Überlegen Sie, ob Sie Ihren schwierigen Mitarbeitern überhaupt alle Möglichkeiten bieten, die ihnen zustehen.

Für Ihre persönliche Vorbereitung auf ein Gespräch mit einem schwierigen Mitarbeiter gilt es, sich über die eigenen Vor-Urteile klar zu werden. Immer wieder ist man mit Mitarbeitern konfrontiert, von denen man der Überzeugung ist, dass sie »einfach nicht wollen«. Sie sind respektlos und machen ganz einfach, wonach ihnen der Sinn steht, und es ist ihnen einfach alles egal. Bestimmt kennen Sie solche Kollegen.

Wenn Sie ganz ehrlich zu sich sind und solche Gedanken gegenüber »schwierigen« Mitarbeitern bei sich entdecken, haben Sie eine erste Stellschraube gefunden, an der Sie drehen können. So, wie aus jeder Krise auch neue Möglichkeiten entstehen können, finden sich neben jeder Schwäche auch Stärken. Kein Mitarbeiter der Welt hat nur Schwächen, auch wenn es einem oft so vorkommen mag. Mit Sicherheit wurde dieser Mitarbeiter nicht aufgrund seiner Schwächen eingestellt, sondern es müssen auch Stärken erkannt worden sein.

Stellen Sie sich einen »schwierigen« Mitarbeiter wie einen Eisberg vor. Aufgrund seines offensichtlich negativen Verhaltens nehmen wir auch nur noch die negativen Aspekte wahr, sozusagen die Spitze des Eisbergs. Unter der Wasseroberfläche verbergen sich vielleicht noch einige gute Eigenschaften oder zumindest auch gute Ansätze, die Sie aber nicht mehr wahrnehmen.

Im Grunde geht es also darum, kurz innezuhalten und zu versuchen, das große Ganze zu sehen. Vermeiden sie vorschnelle Bewertungen über einen Menschen und vermeiden Sie es vor allem, Ihre Meinung so in Ihrem Unterbewusstsein zu verfestigen, dass bei Ihrem Mitarbeiter das Gefühl aufkommt, ohnehin nichts mehr an dieser Meinung ändern zu können, selbst wenn er es wollte.

Meiner Erfahrung nach verfügen schwierige Mitarbeiter nicht selten über ein außergewöhnliches Fachwissen in puncto Arbeitnehmerrechte. Sie sind sehr gut über ihre Möglichkeiten hinsichtlich Gewerkschaften, Tarifverträgen, Arbeitnehmerschutz usw. informiert. Sehr schnell bemerken sie es, wenn Sie als ihr Vorgesetzter auf diesen Feldern nicht so gut bewandert sind, und nutzen das zu ihrem Vorteil aus. Deshalb sollten Sie sich als Führungskraft gut vergewissern, ob Sie über dieses Gebiet gut Bescheid wissen oder ob Sie sich noch Informationen beschaffen müssen, um in einem Gespräch nicht an Souveränität zu verlieren.

Legen Sie sich konkrete Beispiele aus der Vergangenheit zurecht, um die Verhaltensweisen, die Sie ansprechen wollen, auch zu belegen. Meistens können solche Mitarbeiter konkrete Beispiele aus dem eigenen Unternehmen am besten nachvollziehen.

In einem Gespräch mit diesem Mitarbeitertypus ist es auch enorm wichtig, dass Sie sich vorab über Ihr Ziel im Klaren sind. Einfach nur eben mal Dinge anzusprechen, bringt in diesen Fällen nicht viel. Solche Mitarbeiter können auch oft Experten darin sein, sich herauszureden, und sie versuchen somit, das Thema zu wechseln. Wenn Sie aber für sich genau definiert haben, was Sie selbst erreichen wollen, werden Sie sich leichter damit tun, beim Thema zu bleiben. Denn wie wir bereits im Kapitel 4.3.4 (»Fragetechniken«) erfahren haben: Wer fragt, der führt! Das gilt auch in einem Gespräch mit einem schwierigen Mitarbeiter. Bei ausufernden Standpauken wird Ihr Gegenüber auf Durchzug schalten. Stellen Sie dem Mitarbeiter stattdessen viele offene Fragen, die ihn zum Nachdenken bringen.

Ich möchte die Anforderungen, Gespräche dieser Art zu führen, aber auch nicht beschönigen. Oft werden Sie in Auseinandersetzungen mit Mitarbeitern einfach nicht weiterkommen, sich ständig im Kreis drehen und regelrecht in einer Sackgasse landen. In einem solchen Fall ist es, auch um nicht zu viel Kraft und Zeit in eine ausweglose Situation zu stecken, dann ratsam, das Gespräch zu vertagen. Bevor Sie aber diesen Schritt tun, fassen Sie es und auch die Ergebnisse am Ende noch einmal zusammen. Was haben wir besprochen und was haben Sie erreicht? Besonders effektiv ist es grundsätzlich, das Gespräch von Ihrem Gegenüber zusammenfassen zu lassen. Mit dieser Variante erkennen Sie sehr viel schneller, was der Mitarbeiter bis hierhin verstanden hat und wo Sie beim nächsten Gespräch ansetzen können. Geben Sie Ihren Mitarbeiter auch eine bestimmte Überlegung mit auf den Weg, sodass auch er sich weiter mit dem Thema beschäftigen kann.

5.4 Planung und Leitung von Meetings und Teambesprechungen

5.4.1 Aktionen vor dem Meeting

In diesem Kapitel behandeln wir das Thema Planung und Leitung eines Meetings oder einer Teambesprechung. Eine sorgfältige Vorbereitung wird Ihnen dabei helfen, insbesondere Ihre ersten Mee-

tings professionell und vor allem souverän über die Bühne zu bringen.
Zuerst: Schaffen Sie gute Rahmenbedingungen, indem Sie sich auch hier die richtigen Fragen stellen. Das Gelingen und besonders auch der Verlauf Ihrer Besprechung wird davon maßgeblich beeinflusst werden.
Was ist das Ziel dieser Besprechung? Was wollen Sie mit diesem Meeting erreichen? Versuchen Sie im Vorfeld, diese Fragen sehr konkret zu beantworten. Geht es Ihnen nur ums Informieren, das heißt, müssen lediglich Informationen an Ihre Mitarbeiter weitergegeben werden, oder soll ein Thema diskutiert und sollen Ideen entwickelt werden? Definieren Sie unbedingt auch, ob in diesem Meeting Entscheidungen getroffen werden müssen.
Im Vorfeld sollten Sie einzuschätzen versuchen, wie lange Ihre Besprechung dauern soll. Wenn es darum geht, neue Ideen zu entwickeln, ist es gewiss nicht einfach, eine bestimmte Dauer festzulegen. Ein vorgegebener Zeitrahmen wird Ihnen nämlich während des Meetings helfen, die Zeit im Auge zu behalten und somit alle Punkte unterzubringen. Auch kann der Hinweis auf die bereits abgelaufene Zeit als Druckmittel wirken, damit Diskussionen beim Thema bleiben und es somit schneller zu einer Entscheidung kommt.
Nachdem Sie für sich definiert haben, welche Ziele Sie als Besprechungsleiter anstreben, geht es nun darum, auch Ihre Mitarbeiter darüber zu informieren. Die Einladung zu einer Besprechung sollte klar umreißen, welche Ziele Sie mit dem Treffen verfolgen sowie, ob und gegebenenfalls welche Vorbereitungen Sie von den Teilnehmern erwarten.
Wichtig ist es auch, vorab genau zu definieren, wer an dieser Besprechung teilnehmen soll. Es sollten nur die Personen eingeladen werden, die das Thema auch wirklich betrifft.
In vielen Betrieben ist eine freie Räumlichkeit für eine Teambesprechung nicht so einfach zu finden. Vermeiden Sie es, in die peinliche Situation zu geraten, dass Sie mit Ihrem Team vor einem bereits belegten Besprechungsraum stehen. Kümmern Sie

sich also rechtzeitig um die Buchung, Reservierung oder Organisation eines Raumes. Als Sitzungsleiter sollten Sie möglichst auch immer mindestens fünf bis zehn Minuten vor Beginn der Besprechung anwesend sein und sich vergewissern, dass alles für deren reibungslosen Ablauf vorbereitet ist.
Nachdem Sie die *organisatorischen* Vorbereitungen – wie die Festlegung von Zeit, Ort, Ziel und Dauer – getroffen haben, müssen Sie sich nun *inhaltlich* auf Ihr bevorstehendes Meeting vorbereiten. Sammeln Sie zunächst alle Informationen und Aspekte über die zu behandelnden Themen. In einem zweiten Schritt gliedern und gewichten Sie diese Punkte. Mit welchen Themen möchten Sie beginnen, welche sollen am Ende kommen usw.?
Meetings haben oft generell einen schlechten Ruf und werden seitens der Mitarbeiter häufig als Zeitverschwendung bewertet. Es empfiehlt sich somit, dass Sie für Ihre Meetings von Anfang an feste Regeln aufstellen, an die Sie in erster Linie sich selber halten, die aber natürlich auch Ihre Mitarbeiter befolgen sollen. Mögliche Regeln dieser Art sind:

Pünktlichkeit

Sie ist ein entscheidendes Qualitätsmerkmal für Ihre Meetings. Besprechungen werden immer pünktlich begonnen und beendet! Es sollte selbstverständlich sein, dass alle Teilnehmer rechtzeitig anwesend sind. Akzeptieren Sie Verspätungen nur in absoluten Ausnahmefällen. Zu spät zu kommen ist eine Respektlosigkeit Ihnen und den anderen Teilnehmern gegenüber.

Störungen

Definieren Sie bereits im Vorfeld, wie mit den Störungen durch Anrufe umgegangen werden soll. Ist es möglich, alle Smartphones auf lautlos stellen zu lassen? Generell sollten sich alle Besprechungsteilnehmer bei ihren Ausführungen möglichst aufs Wesentliche beschränken. In Diskussionen darf nicht unterbrochen werden und jeder Teilnehmer sollte sich auf ein aktives Zuhören konzentrieren.

Frequenz

In welchem Turnus sollen Meetings durchgeführt werden? Täglich, allwöchentlich oder als kurze Stand-up-Meetings?

Protokoll

Es ist stets ein leidiges Thema, wer das Meeting protokollieren soll. Legen Sie deshalb bereits vorab die entsprechende Handhabung fest und beantworten Sie für sich die folgenden Fragen:

- Ist ein Protokoll überhaupt notwendig?
- Wer wird das Protokoll führen? Soll dabei abgewechselt werden?
- Wie soll das Protokoll aufgebaut werden?
- Wer soll das Protokoll im Anschluss erhalten?
- Wie soll mit den vorangegangenen Protokollen verfahren werden?
- Wer verteilt in welcher Form die Protokolle?

5.4.2 Während des Meetings

Während eines Meetings, insbesondere dann, wenn unangenehme Punkte angesprochen oder diskutiert werden müssen, kann die Gefahr bestehen, dass Ihnen das Heft aus der Hand genommen wird. Wenn Sie die nachstehenden Punkte aber beachten, werden Sie Ihre Meetings souverän und professionell durchführen. Auch in Besprechungen und Meetings gilt: Wer fragt, der führt! Wenn es darum geht, Lösungen für Probleme zu diskutieren, versuchen Sie den Gesprächsverlauf mit unterschiedlichen Fragetechniken zu steuern, die Sie bereits aus dem Kapitel 4.3.4 (»Fragetechniken«) kennen. Im Grunde diskutiert man in einem Meeting erst einmal nur eine Lösung. Das heißt aber noch lange nicht, dass diese Lösung auch entsprechend umgesetzt wird. Ihre Mitarbeiter werden sehr viel motivierter handeln, wenn sie das Gefühl haben, nach ihren eigenen Ideen und Lösungsvorschlägen vorgehen zu können.

Sehr oft begehen Besprechungsleiter den Fehler, sich in eigenen Argumentationen zu verlieren, weil Sie mit ihren Vorschlägen bei den Mitarbeitern sozusagen auf Granit beißen. Sie sind der Meinung, einfach besser argumentieren zu müssen, um überzeugender zu sein. Aber auch hier gilt: Stellen Sie die richtigen Fragen!
Eine der größten Herausforderungen ist es, abzuwägen, ob ein Tagesordnungspunkt, an dem man feststeckt, vertagt oder auf Biegen und Brechen weiterdiskutiert werden soll. Dies hängt natürlich von der Dringlichkeit des Problems ab, um das es geht. Seien Sie aber auch mutig genug, es sich einzugestehen, wenn Sie in einer Sackgasse stecken, und vertagen Sie dann die Diskussion. Aber geben Sie Ihren Mitarbeitern klare Anweisungen, warum die Klärung dieses Problems nun verschoben wird, präzisieren Sie das Datum der Vertagung und weisen Sie Ihre Mitarbeiter an, sich diesbezüglich bis zum nächsten Mal gründliche Gedanken zu machen und dann konkrete Lösungsvorschläge zu präsentieren.
»Glauben ist nicht Wissen« – das ist wohl eine meiner häufigsten Feststellungen, die ich in meinen unzähligen Meetings ausgesprochen habe. Versuchen Sie stets zwischen Mutmaßung, Wahrnehmung, Bewertung und tatsächlichem Wissen zu unterscheiden. Dies lässt sich steuern, wenn Sie Ihre Mitarbeiter von vornherein dahingehend erziehen, in Besprechungen eine Sachlage oder ein Verhalten erst nach einer genauen Erklärung und Beschreibung zu bewerten und nicht umgekehrt.
Achten Sie auch auf Ihre positive und konstruktive Kommunikation. Verwenden Sie für Ihre Formulierungen die Ich-Form und antworten Sie auf Vorschläge von Ihren Mitarbeitern etwa wie folgt: »*Ich* könnte das in Betracht ziehen.« Diese Formulierung ist sehr viel positiver als: »*Man* könnte das in Betracht ziehen.« Verzichten Sie auch weitestgehend auf das Wort »aber« – lassen Sie die beiden folgenden Sätze auf sich wirken:

- »Ja, Ihre Meinung hat viel für sich, aber haben Sie auch berücksichtigt, dass ...?«
- »Ja, Ihre Meinung hat viel für sich! Haben Sie auch berücksichtigt, dass ...?«

Achten Sie des Weiteren auch auf Ihre nonverbale Kommunikation. Oft konzentriert man sich nämlich zu sehr auf die gesprochenen Worte und vernachlässigt es dabei, im Auge zu behalten, *wie* man sie zum Ausdruck bringt. Insbesondere in Meetings ist es wichtig, dass beides zusammenpasst, damit man wirklich überzeugend ist. Versuchen Sie aber auch die nonverbale Kommunikation und die Signale Ihrer Mitarbeiter zu deuten. Denn selbst wenn vielleicht eine mündliche Zustimmung zu einem Thema zum Ausdruck gebracht worden ist, könnten die Körperhaltung, die Mimik und die Gestik Ihrer Zuhörer Ihnen etwas anderes sagen. Kurzfristig gesehen könnte man meinen, das Meeting sei erfolgreich verlaufen, da Ihre Mitarbeiter Sie ihrer Zustimmung versichert haben, langfristig aber werden Sie vielleicht mit Schwierigkeiten und Widerständen bei der Umsetzung einer Lösung rechnen müssen.

Beteiligen Sie stets alle Teilnehmer. Involvieren und aktivieren Sie auch die ruhigeren Ihrer Mitarbeiter, aber bremsen Sie die Übereifrigen.

In einem Meeting läuft man sehr oft auch Gefahr, bei Problemen oder Schwierigkeiten nur über das Problem zu diskutieren und nicht über Lösungen. Dazu ein Beispiel aus meiner eigenen Erfahrung, wie ich es querbeet über mehrere Branchen immer wieder erlebte: Als Vorgesetzter berief ich Meetings ein, um mit meinen Mitarbeitern über Lösungen und Möglichkeiten zu sprechen, schlechte Umsatzzahlen zu verbessern. Jeder Mitarbeiter erklärte nun sehr ausführlich, weshalb in seinem eigenen Bereich die Umsätze so schlecht waren. Dies ist auch eine nachvollziehbare Reaktion, da in vielen Fällen tatsächlich die Gründe für mangelnden Erfolg sehr stark in den äußeren Umständen liegen. Die Mitarbeiter manövrierten sich so bewusst oder oft auch unbewusst selbst in eine Rechtfertigungshaltung hinein. Unter Umständen wird lange nur aufgezählt, warum etwas nicht geht, anstatt darüber zu reden, was gehen könnte. Eines erwiderte ich darauf stets aufs Neue: »Das, was alles nicht geht, weiß ich bereits. Ich möchte von Ihnen erfahren, was stattdessen gehen könnte.«

In nicht nur einem Unternehmen habe ich es erlebt, dass Meetings nur gemacht werden, um sie gemacht zu haben. Wie Lemminge sind die Mitarbeiter in den Besprechungsraum gekommen – und wieder hinaus gegangen, ohne ein Wort gesagt, ohne einen einzigen Satz mitgeschrieben oder etwas Produktives mitgenommen zu haben. Durchbrechen Sie auch alte Gewohnheiten, indem Sie ein Meeting einmal zu einer ungewohnten Uhrzeit durchführen. Machen Sie zwischendurch kurze Stand-up-Meetings, bei denen die Mitarbeiter im Besprechungsraum stehen und sich nicht gemütlich auf einem Stuhl niederlassen. Und wechseln Sie die Perspektive. Ziemlich produktive Meetings hielt ich oft auf der Dachterrasse von Unternehmen ab. Aus größeren Monatsmeetings kann man auch kleine Events machen. Ich habe diese Meetings oft in kleine Ausflüge gepackt, bei denen beispielsweise ein anderes Unternehmen besichtigt wurde und die Besprechung sogar im dortigen Sitzungsaal abgehalten wurde. Danach sprach ich eine Gegeneinladung für unser Unternehmen aus. Derlei kann, nebenbei bemerkt, auch der Erweiterung seines Netzwerks sehr dienlich sein.

No brillant idea was ever born in a conference room.
But a lot of silly ideas have died there. (F. Scott Fitzgerald)

5.4.3 *Die erste Präsentation oder Moderation*

Im Lauf einer Berufskarriere kann es immer wieder einmal vorkommen, dass man vor einer großen Gruppe von Menschen sprechen muss, sei es in Form einer Präsentation oder auch einer Moderation. Auch wenn man vielleicht schon unzählige Meetings abgehalten hat und es somit auch schon gewohnt ist, vor Menschen zu sprechen, ist eine Moderation oder eine Präsentation ein Spiel in einer anderen Liga. Zumindest denken das viele. Auch sind viele Menschen davon überzeugt, nicht vor einem großen Publikum sprechen zu können, obwohl sie es noch nie getan haben. Nun, in diesem Fall ist der erste Schritt der, sich darüber bewusst zu werden, dass dies nur ein *Gedanke* ist und keine *Tatsache*. Wenn wir die Betrachtungsweise ändern, müssen wir uns eingestehen, dass wir das nämlich im Grunde nicht wirklich wissen können, bevor wir es nicht zumindest einmal gemacht haben. Mit geändertem Mindset werden Sie diese Aufgabe sehr viel positiver angehen.

Im Übrigen: Was veranlasst uns zu der Annahme, dass wir einer Aufgabe nicht gewachsen sein werden? In den meisten Fällen ist es wohl das oft zitierte Lampenfieber. Worum handelt es sich dabei eigentlich? Es ist das Gefühl: Ich habe Angst! Dieses Gefühl soll dich davon abhalten, Dinge zu tun, die dir schaden könnten. Denn durch Angst wird, evolutionär bedingt, in uns gewissermaßen ein Programm aus der Steinzeit aktiviert. Es setzt eine Menge Adrenalin frei, damit wir entweder weglaufen oder kämpfen können. Stand ein Säbelzahntiger vor einem Urzeitmenschen, war es für diesen ja durchaus ratsam, Angst zu bekommen. Angst setzt Adrenalin frei und stellt kurzfristig Energie zur Verfügung, damit man entsprechend handeln kann. Im Fall einer Moderation ist Angst jedoch in der Regel ein schlechter Ratgeber.

Ein Grund für Lampenfieber ist sehr oft ein negatives Zukunftsbild, das im Kopf entsteht. Das heißt, man stellt sich bildlich vor, was alles schiefgehen könnte: wie beispielsweise die Stimme versagt oder der Kopf hochrot wird. Je lebendiger und deutlicher man sich dieses Bild ausmalt, desto größer wird auch das Lampenfieber werden.

Damit, sich das bewusst zu machen, ist der erste und so wichtige Schritt schon getan. Als zweiten Schritt rufen wir uns ins Gedächtnis, dass wir grundsätzlich der Meister unserer eigenen Gedanken sind und wir – und nur wir selbst! – entscheiden, wie wir auf gewisse Umstände reagieren. Mit anderen Worten: Dieses negative Bild der misslungenen Moderation muss aus dem Kopf verschwinden. Um es am effektivsten »abzustellen«, ersetzen wir es durch etwas Positives, stellen uns also stattdessen vor, wie die

Moderation perfekt verläuft: wie Timing und Präsenz auf der Bühne harmonieren und wie eloquent wir unsere Rede schwingen. Das machen wir jedes Mal, wenn in uns negative Gedanken aufkommen.

Um aber die nötige Selbstsicherheit zu erlangen, hilft auch hier nur eines wirklich effektiv: üben, üben, üben! Fragen Sie Ihre Familie oder Freunde, ob Sie als Publikum für einen »Testlauf« zur Verfügung stehen können.

Wir wissen aber auch, dass die Theorie das eine ist und die Praxis etwas anderes. Die Situation, wenn im übertragenen Sinn die Scheinwerfer angehen, man das Mikrophon in die Hand nimmt und der Blick das erste Mal über die Zuhörer schweift, lässt sich nicht simulieren – und ebenso wenig, wie man auf all dies tatsächlich reagieren wird. Prägen Sie sich aus diesem Grund die ersten beiden Sätze Ihrer Rede so gut ein, wie es nur irgendwie geht. Mit diesen beiden Sätzen, die Sie somit verinnerlicht haben, werden Sie die erste größte Hürde überwinden: den Anfang!

Wir alle machen aber auch Fehler oder es passieren während unseres Vortrags unerwartete Ereignisse, auf die wir spontan und flexibel reagieren müssen. Ich möchte Ihnen dazu eine Begebenheit aus meiner beruflichen Laufbahn erzählen. In einer Anmoderation zu einem großen Event und vor den Augen von etwa 3000 Menschen habe ich es hinbekommen, auf dem Weg zur Hauptbühne mein Mikrophon fallen zu lassen, und zwar nicht nur auf den Boden, sondern gut zwei Meter von der Bühne herab, dorthin, wo ich selbst auf direktem Weg nicht mehr hingelangen konnte. Alles andere als eine schöne Situation! Ich wäre am liebsten im Boden versunken. Aber dieser Vorfall hat mir geholfen, eine sehr wichtige Lektion zu lernen: Es kommt nicht darauf an, welche Fehler oder Versprecher passieren oder was genau während einer Rede oder Moderation plötzlich geschieht. Vielmehr geht es darum, wie man damit umgeht. Meine Erfahrung hat gezeigt, dass ein Publikum einem so gut wie alles verzeiht, wenn man zu seinem Missgeschick steht, es sozusagen akzeptiert, es offen anspricht und einfach weitermacht.

Dazu möchte ich Ihnen ein weiteres Malheur nicht vorenthalten, das mir einmal passiert ist. Eines Abends musste ich eine große Show in einem Theater anmoderieren. Fragen Sie mich nicht warum, aber kurz vor der Show verfiel ich auf die grandiose Idee, mich zu rasieren. Es kam, wie es anscheinend kommen musste und ich schnitt mich so tief, dass es auch noch eine Minute vor meinem Auftritt nicht aufhörte zu bluten. Hinter dem Podium wurde alles Mögliche versucht, aber nichts half. Eines war aber klar: Ich hatte keine Wahl und ich musste auf die Bühne. Also gedachte ich – frei nach dem Motto: schlimmer kann es ja nicht werden! – mein Missgeschick offen anzusprechen. Kurzerhand schickte ich also meinen Assistenten mit der Ankündigung auf die Bühne, ich hätte mich bei einem Unfall im Badezimmer schwer verletzt, würde es aber trotzdem auf die Bühne schaffen. Das Publikum wusste natürlich nicht, wie mit dieser Situation umzugehen. Kurz danach ging für mich der Hauptvorhang hoch, und da stand ich, in einer Hand das Mikrophon und in der anderen ein Papiertaschentuch, mit dem ich mir meine komplette Moderation hindurch immer wieder meine »Verletzung« abtupfte. Das Publikum amüsierte sich sehr, als ich zuletzt bis ins kleinste Detail meinen »Badezimmerunfall« erzählte und mit dem Satz endete: »Rasiere dich nie, wenn du fünf Minuten später auf einer Bühne stehen musst!«

5.5 Das erste Feedback-Gespräch nach dem Ende der Probezeit

In meinen Trainings und Seminaren erfahre ich häufig, dass es sehr viele Unternehmen und Betriebe gibt, in denen eine unzureichende Feedback-Kultur gelebt wird. Gute Leistungen werden vorausgesetzt und ein Feedback-Gespräch findet in der Regel erst statt, wenn über schlechte Leistungen gesprochen werden soll. Auch scheinen Feedback-Gespräche nach Beendigung einer Probezeit oft improvisiert oder schlecht bis gar nicht vorbereitet zu werden. Nicht selten wurde mir auch von sehr einseitigen Unterhaltungen dieser Art berichtet. Entweder wurde nur eine Rückmeldung eingeholt, ohne dass auch eine solche gegeben wurde, oder umgekehrt. Mit Sicherheit wissen auch Sie aus Ihrer bisherigen Tätigkeit von einigen Negativbeispielen zu berichten.

Wenn man diese Thematik psychologisch betrachtet, so ist ein Feedback eine Rückmeldung über die eigene Leistung beziehungsweise über erledigte Aufgaben. Insbesondere ist ein Feedback-Gespräch zwischen einem Vorgesetzten und seinen Mitarbeitern nach Beendigung einer Probezeit unverzichtbar. Um während dieses Gespräches nichts zu vergessen, können Sie den folgenden Fragen-Leitfaden verwenden:

- Haben Sie sich bei uns gut eingelebt?
- Wie haben Sie Ihre ersten Wochen in unserem Unternehmen erlebt?
- Wie beurteilen Sie die Einarbeitung in Ihr Tätigkeitsfeld? Haben Sie diesbezüglich Anregungen?
- Was ist Ihnen besonders positiv oder besonders negativ aufgefallen?
- Worüber haben Sie sich möglicherweise andere Vorstellungen gemacht?
- Wie beurteilen Sie die Zusammenarbeit in Ihrem Team, in der Abteilung, im Unternehmen?
- Haben Sie das Unternehmen so angetroffen und erlebt, wie es im Vorstellungsgespräch dargestellt wurde?
- Decken sich Aufgabe, Kompetenz und Verantwortung mit Ihrer Stellenbeschreibung und dem Anforderungsprofil?
- Verliefen Einführung und Einarbeitung in der Art, wie es Ihnen zu Beginn mitgeteilt wurde?
- Wurden Ihnen ausreichend Informationen und Unterstützung seitens der Personalabteilung und der Kollegen zuteil?
- Fühlen Sie sich entsprechend Ihrer Ausbildung und Erfahrung sowie Ihrer Kenntnisse und Erwartungen in Ihrer Position bis jetzt gefordert, unter- oder überfordert?
- Sind nennenswerte Schwierigkeiten während der Zusammenarbeit mit Kollegen und Führungskräften entstanden?
- Welche Leistungsziele haben Sie bis jetzt erreicht? Welche

nicht? Welche noch nicht? Und was sind Ihrer Meinung nach die Gründe dafür?
- Wie schätzen Sie Ihre persönlichen Möglichkeiten ein, in unserem Unternehmen weiterzukommen?
- Gibt es Aspekte, die Sie mit mir oder mit jemand anderem innerhalb unseres Unternehmens noch ausführlicher besprechen möchten?
- Fühlen Sie sich insgesamt betrachtet in unserem Unternehmen wohl? Falls nein, was sollte Ihrer Ansicht nach noch getan werden, damit dieser Zustand erreicht werden kann?
- Macht Ihnen die Arbeit insgesamt Spaß?
- Möchten Sie noch weitere Fragen in diesem Probezeitgespräch thematisieren?

Nun sind Sie als Führungskraft an der Reihe, Ihrem Mitarbeiter ein Feedback darüber zu geben, wie Sie ihn in den ersten Wochen seit Vertragsbeginn erlebt haben. Ein klares Signal Ihrer Professionalität können Sie vermitteln, wenn Sie mit Notizen arbeiten. Dies zeigt Ihrem Mitarbeiter, dass Sie nicht nur aus dem Stegreif etwas sagen, sondern dass Sie sich auch auf dieses Gespräch wirklich vorbereitet haben.

In dieser Hinsicht ist es generell ratsam, sich zu all seinen Mitarbeitern auch zwischendurch Notizen zu machen. So laufen Sie nicht Gefahr, etwas zu vergessen, und Ihr Feedback-Gespräch ist sehr viel effektiver und schneller vorbereitet.

5.6 Zielvereinbarungsgespräche

Im Kapitel 4.2 (»Mitarbeiterführung anhand von Zielen«) haben wir bereits gesehen, wie wichtig es ist, Mitarbeiter anhand von Zielen zu führen. Nun geht es darum, Ihnen einen praktischen Leitfaden an die Hand zu geben, mit dem Sie Zielvereinbarungsgespräche erfolgreich meistern. Als Führungskraft müssen Sie sich in der Vorbereitung auf ein solches Gespräch folgende Fragen stellen:
- Welche Entwicklung hat der Mitarbeiter im Unternehmen bereits durchlaufen?

- Wenn ich den Mitarbeiter in seiner Anfangszeit betrachte und analysiere: Wo steht er jetzt?
- Auf welchen Gebieten hat der Mitarbeiter besondere Fertigkeiten und Fähigkeiten?
- In welchen Bereichen gab es Schwierigkeiten und Probleme?
- Wie konnte er bis jetzt diese Schwierigkeiten lösen? Hatte er sich an Vorgesetzte um Unterstützung gewandt oder löste er sie selbstständig?
- Was kann dem Mitarbeiter in Bezug auf seine Fähigkeiten zugetraut werden, ohne dass er dabei vollkommen überfordert oder demotiviert wird?
- Sind die derzeitigen Verantwortlichkeiten des Mitarbeiters genau definiert? Und ist er sich dessen bewusst?
- Besteht diese Verantwortung in Übereinstimmung mit seinen Fähigkeiten und Kompetenzen?
- Wird der Mitarbeiter genügend gefordert oder ist er über- oder unterfordert?

Bevor Sie nun zum tatsächlichen Zielvereinbarungsgespräch übergehen, beachten Sie noch folgenden wichtigen Punkt: Der Mitarbeiter muss rechtzeitig über dieses Gespräch informiert werden – mindestens eine bis zwei Wochen vorab. Somit bleibt ihm genügend Zeit, sich darauf vorzubereiten.

Diese Punkte sind während des Zielvereinbarungsgesprächs zu beachten:

- Negative Kritik und Beurteilung haben in einem Zielvereinbarungsgespräch nichts zu suchen. Beides darf nicht dessen Inhalt werden.
- Anregungen, Wünsche und Anliegen der Mitarbeiter müssen erfragt und berücksichtigt werden.
- Da ein Zielvereinbarungsgespräch auch motivieren sollte, dürfen Lob und Anerkennung nicht zu kurz kommen.
- Fragen Sie Ihren Mitarbeiter nach eigenen Ideen und geben Sie dazu eine Rückmeldung. Ein Gespräch dieser Art bietet Ihnen eine gute Gelegenheit dazu, Ihrem Mitarbeiter Ihre Wertschätzung zu vermitteln.

- Versuchen Sie abzuklären, ob der Mitarbeiter tatsächlich im Bereich seiner Stärken und Fähigkeiten eingesetzt wird. Ist das nicht der Fall, bringt das weder dem Unternehmen noch dem Mitarbeiter etwas.
- Müssen Sie als Vorgesetzter hinsichtlich des Ziels noch jemanden im Unternehmen informieren oder benötigen Sie Unterstützung seitens anderer Abteilungen?
- Bereits jetzt ist der voraussichtliche Termin für das nächste Zielvereinbarungs- bzw. Feedback-Gespräch zu vereinbaren.

Nachstehend die wichtigsten Grundsätze, die Ihnen dazu dienen werden, die Ziele für Ihre Mitarbeiter zu formulieren:

- Ziele müssen hoch gesteckt, aber realistisch und erreichbar sein. Denn sind sie zu hoch gesteckt, sind Frustration und Resignation unweigerlich die Folge.
- Um zu Hochleistungen anzuspornen, sollten Entwicklungs- und Erfolgschancen möglichst immer ausgereizt werden.
- Ausschlaggebend ist eine detaillierte, konkrete und klare Beschreibung des angestrebten Ziels. »Was wollen wir erreichen?«, ist die entscheidende Frage, die Sie stellen müssen, und nicht: »Was muss getan werden?« Zielformulierungen sollten keine Beschreibung von Arbeitsschritten und Tätigkeiten enthalten.
- Die Zielerreichung sollte stets in irgendeiner Weise messbar sein. In der Praxis ist dies jedoch nicht immer einfach zu realisieren. Sollten sich keine festen Parameter für die Zielerreichung formulieren lassen, so suchen Sie nach einer Möglichkeit, die Ziele zumindest überprüfbar zu machen: Welches sind die zu erreichenden Kennzahlen oder Faktoren? Aufgrund welcher Kriterien soll das Ergebnis beurteilt werden?
- Vereinbaren Sie ein konkretes Zeitfenster. Definieren Sie, zu welchem Zeitpunkt welcher Zustand erreicht sein soll?
- Überprüfen Sie auch unbedingt die Kompatibilität mit anderen Zielen in Ihrer Abteilung oder in Ihrem Unternehmen. Ziele dürfen nicht mit denen anderer Kollegen oder Abteilungen kollidieren.

- Definieren Sie auch bereits im Vorfeld die Verantwortlichkeiten und den Handlungsspielraum, aber auch die Grenzen.

Die Praxis und meine Erfahrung haben aber auch gezeigt, dass es zum Zeitpunkt der Zielvereinbarung oft noch zu viele Variablen und Unbekannte gibt. Häufig ist es einfach nicht möglich oder realistisch, jeglichen Aufwand und sämtliche Details zu benennen oder zu berechnen. In diesen Fällen versuchen Sie so viele Informationen wie möglich über das Budget, die Kosten, die Personalkapazitäten und sonstige Mittel zusammenzutragen. Diese werden Ihnen bei der ersten groben Planung helfen. Und einigen Sie sich darauf, die Fortschritte bei der Zielerreichung genauestens zu beobachten und diese gegebenenfalls anzupassen oder zu modifizieren.

Zielvereinbarungen gehen meist auch über einen längeren Zeitraum, also über ein Jahr oder in manchen Fällen sogar noch weiter. In diesem Zeitraum kann aber sehr viel passieren. Entwickeln Sie mit Ihrem Mitarbeiter ein System, das Sie auf unvorhergesehene Ereignisse angemessen reagieren lässt, und beachten Sie dabei folgende Gesichtspunkte:

- Treffen Sie zum einen eine verbindliche Vereinbarung über Folgendes: Der Mitarbeiter meldet sich aus Eigeninitiative bei Ihnen, sobald er potenzielle Zielabweichungen erkennt und wenn er der Meinung ist, dies selbstständig nicht korrigieren zu können.
- Zum anderen sollten Sie auch »Milestones« oder »Check-Points« definieren, an denen Teilergebnisse überprüft werden. Diese Überprüfungen werden Ihnen dabei helfen, eventuelle Korrekturen frühzeitig vornehmen zu können und Ihnen zeigen, ob Sie sich noch im Zielkorridor befinden.

5.7 Das erste Vorstellungsgespräch

Nachdem Sie wahrscheinlich das eine oder andere Vorstellungsgespräch schon erfolgreich gemeistert haben, kommt jetzt der Zeitpunkt, an dem Sie auf der anderen Seite des Tisches sitzen

werden. Auf dem Arbeitsmarkt herrscht eine Art Krieg, den ein englischer Begriff so umschreibt: *the war of talents*. Viele Arbeitgeber verhalten sich auch heutzutage noch wie »alte Gutsherren«, die von oben herab und mit einer gewissen Arroganz in Vorstellungsgespräche gehen. Begehen Sie nicht diesen Fehler, denn eines war eigentlich immer schon so und wird es in der Zukunft noch viel mehr sein: Gute, talentierte Mitarbeiter suchen sich ihren Arbeitgeber aus und nicht umgekehrt.
Vor dem eigentlichen Bewerbungsgespräch sollten Sie sich die Zeit nehmen und das Bewerbungsanschreiben nochmals aufmerksam lesen. Versuchen Sie auch den Lebenslauf zu analysieren und zwischen den Zeilen zu lesen. Interpretieren Sie für sich, ob dieser künstlich »aufgeblasen« wurde oder ob anscheinend alles den Tatsachen entspricht. Im eigentlichen Vorstellungsgespräch können Sie dann diesen Eindruck mit der Realität vergleichen und daraus für sich schon erste Schlüsse ziehen oder daraus auch wichtige Fragen ableiten.
Überlegen Sie sich auch, welche anderen Abteilungen oder Personen gegebenenfalls an diesem Gespräch teilnehmen sollten. Generell ist es immer ratsam, ein Vorstellungsgespräch im Beisein einer weiteren Person durchzuführen.
Als Direktor oder Geschäftsführer habe ich sehr oft Vorstellungsgesprächen nur als »stiller Beobachter« beigewohnt. Das eigentliche Gespräch wurde von dem Abteilungsleiter oder dem zukünftigen Vorgesetzten des Kandidaten durchgeführt. Auf diese Weise konnte ich meine Meinung abgeben und es bestand die Möglichkeit, sich darüber austauschen.
In der Regel lässt sich ein Vorstellungsgespräch in folgende fünf Abschnitte unterteilen:

- Small Talk
- Kennenlernen
- Selbstpräsentation
- Fragen
- Abschluss

Für mich war und ist die Small-Talk-Phase – die ersten fünf Minu-

ten des Gesprächs – immer sehr spannend. Ganz bewusst habe auch ich immer die klassischen Einstiegsfragen verwendet, wie: »Haben Sie gut hierher gefunden?« Aber um ehrlich zu sein, hat mich das nicht wirklich interessiert. Was mich aber sehr wohl interessiert hat, war zu sehen, wie der Kandidat sich gleich am Anfang präsentiert. Ob er nur antwortet. »Ja, ich habe gut hergefunden«, oder ob er die Gelegenheit schon nützt, um eine persönliche Botschaft zu platzieren, wie etwa: »Ja, ich habe gut hergefunden und auf dem Weg habe ich bemerkt, dass ...«
In der Phase des Kennenlernens stellen Sie sich selbst und Ihr Unternehmen vor und wollen natürlich den Bewerber besser kennenlernen. Oft gestellte Fragen an dieser Stelle sind:

- Erzählen Sie etwas über sich.
- Warum möchten Sie diesen Job?
- Warum sollten wir gerade Sie einstellen?
- Warum haben Sie sich für diese Stelle beworben?
- Was unterscheidet Sie von anderen Bewerbern?

Im Regelfall sind die Bewerber auf diese klassischen Fragen relativ gut vorbereitet. Das heißt im Umkehrschluss, dass diese sogenannte Selbstpräsentation einstudiert und auswendig gelernt worden sein kann und es hier an Spontanität und Authentizität fehlt. In einem Bewerbungsgespräch geht es aber darum, einen Bewerber so gut wie möglich kennenzulernen und einzuschätzen. Dafür müssen Sie ihn mit Fragen, die er nicht erwartet, aus der Reserve locken. Mit Fragen wie: »Was sind Ihre Stärken und Schwächen?« werden Sie ihn nur bedingt besser kennenlernen. Verwenden Sie stattdessen Fragen wie:

- Wie würde Sie Ihr letzter Chef beschreiben oder was würde er kritisieren?
- Wie würde Sie Ihr bester Freund beschreiben?
- Wie unterscheidet sich dieser Job von anderen, für die Sie sich beworben haben?
- Wie können Sie unser Unternehmen voranbringen?
- Sie haben mehrmals Ihre Tätigkeit gewechselt. Was war dieses Mal der Beweggrund?

- Wie stellen Sie sich die ersten drei Monate hier bei uns vor?
- Haben Sie ein Vorbild? Wenn ja, welches?
- Was bedeutet für Sie Erfolg und was Misserfolg?
- Wie würden Sie sich beschreiben, wenn Sie dafür nur drei Wörter verwenden dürften?
- Was glauben Sie, was Menschen wirklich zur Arbeit anspornt?
- In welcher Situation haben Sie bewiesen, dass Sie Eigeninitiative haben?
- Wenn Sie nicht mehr weiterkommen: Was tun Sie dann?
- Was denken Sie: Was erwarten unsere Kunden als nächsten Schritt von unserem Unternehmen?
- Was bedeutet für Sie Motivation? Wie motivieren Sie sich?

Nehmen Sie sich die Zeit und achten Sie ganz bewusst auf die Körpersprache und die Mikrogesten des Bewerbers. Versuchen Sie zu verstehen, ob die Körpersprache mit den gesprochenen Worten übereinstimmt. Wenn Sie ganz genau beobachten, werden Sie bemerken, was der Wahrheit entspricht oder wo der Wahrheit ein bisschen nachgeholfen worden ist.

Ein guter Bewerber wird sich auf das Gespräch gut vorbereitet haben und somit auch Ihnen einige Fragen stellen, auf die Sie gut vorbereitet sein sollten, etwa:

- Warum ist die Stelle vakant?
- Gab es einen Vorgänger? Wo ist dieser jetzt?
- Welche Fortbildungsmöglichkeiten bietet das Unternehmen?
- Wie steht Ihr Unternehmen zu den Themen Umweltschutz und Nachhaltigkeit?
- Was erwarten Sie sich konkret von der Besetzung dieser Stelle?
- Wie wird Erfolg in Ihrem Unternehmen gemessen?
- Was unternimmt Ihr Unternehmen zur Förderung und Motivation der Mitarbeiter?
- Wie groß ist das Team?
- An wen wird berichtet?

Ein flüssiges und gutes Bewerbungsgespräch zeichnet sich durch

einen freundlichen offenen Dialog zwischen den beiden Parteien aus. Nur so haben auch beide Seiten die Möglichkeit zu verstehen, ob Sie zu einander passen oder nicht.
Normalerweise wird in einem ersten Gespräch noch nicht über vertragliche Inhalte gesprochen. Die Praxis hat aber gezeigt, dass es Zeitgründe erfordern können, gleich bei dieser ersten Gelegenheit die wichtigsten Punkte für den Vertrag zu klären oder zumindest anzusprechen.
Die sensibelsten Fragen von allen sind bekanntermaßen diejenigen rund um das Gehalt. Diesbezüglich gibt es je nach Firmenpolitik viele unterschiedliche Ansätze. In manchen Firmen sind Gehälter wie in Stein gemeißelt und kaum verhandelbar. Sie werden dann direkt vom Arbeitgeber kommuniziert. Oft ist es aber auch so, dass der Arbeitgeber vom Bewerber eine erste Zahl genannt haben möchte, um so besser einschätzen zu können, ob der Kandidat in das firmeninterne Gehaltsgefüge passt. In den meisten Fällen handelt es sich dabei aber um reines Taktieren. Auch ich persönlich habe oft die Frage gestellt: »Welches Gehalt stellen Sie sich vor?« Daraufhin erhielt ich teilweise auch sehr kreative Antworten, aber in den seltensten Fällen eine konkrete Zahl, weil sich natürlich auch der Bewerber dieser Taktik bedient hat, um nicht zu tief zu stapeln oder auch nicht zu fordernd zu klingen. Wenn ich aber einen Betrag sozusagen erzwingen wollte, habe ich Folgendes gefragt: »Ich verstehe, dass Sie ..., aber Sie können mir bestimmt sagen, wie Sie Ihren Wert selbst einschätzen.«
Am Ende des Gesprächs sind natürlich noch organisatorische Punkte zu klären, wie:

- Gibt es noch ein zweites Vorstellungsgespräch?
- Wann kann der Bewerber frühestens beziehungsweise spätestens mit einer Antwort rechnen?
- Wer bleibt sein Ansprechpartner (Kontaktdaten)?
- Wie kann der Bewerber etwaige Fahrtkosten abrechnen?

6 Personalmanagement

In diesem Kapitel werden einige wichtige Themen rund um das Personalmanagement behandelt. Auch wenn vieles davon in die Verantwortung der eigentlichen Personalabteilung fällt, sollte sich auch jede Führungskraft einer Abteilung ausführlich mit diesen Fragen befassen, zumal sie immer mehr an Bedeutung gewinnen.

6.1 Onboarding

»Onboarding« bezeichnet alle Maßnahmen, die die Eingliederung und die Integration von neuen Mitarbeitern fördern. Ziel des Onboardings ist es, neue Mitarbeiter möglichst schnell und effizient in das neue Arbeitsumfeld zu integrieren.
In einem Onboarding-Prozess spricht man auch von vier Phasen, die ein Mitarbeiter während seiner Einführungszeit im neuen Unternehmen durchläuft. Als moderne Führungskraft liegt es in Ihrer Verantwortung, den Mitarbeiter dabei zu begleiten und ihn in allen Phasen abzuholen.

- Die erste Phase wird als *Erwartungsphase* definiert: Zunächst kommt ein neuer Mitarbeiter mit relativ wenig Wissen, aber umso größeren Erwartungen, neu ins Unternehmen.
- In der nächsten Phase, der sogenannten *Kennenlernphase*, werden die verschiedenen Arbeitsprozesse und betriebsinternen Abläufe kennengelernt. Komplexere Themen werden aber nur ziemlich oberflächlich angeschnitten. Es erfolgt der Hinweis: »Das sehen wir uns erst zu einem späteren Zeitpunkt im Detail an.« In dieser zweiten Phase ist normalerweise der Grad der Begeisterung noch ziemlich hoch. Für den Mitarbeiter ist alles neu und interessant. Er vergleicht

sein neues Arbeitsumfeld auch mit seinem alten und ist in dieser Phase fast ausschließlich auf die positiven Unterschiede fokussiert.

– Früher oder später kommt für jeden Mitarbeiter in jedem Unternehmen der Welt auch die berühmt-berüchtigte *Ernüchterungsphase*. Da führen die Komplexität der Arbeit und die Erfassung des tatsächlichen Wissensstands oft zu einer gewissen Ernüchterung. Dies ist vollkommen normal und sollte deshalb nicht überbewertet werden. Aber hier sind Sie als Führungskraft gefragt, und Sie sollten dann erkennen, wann Ihr neuer Mitarbeiter sich in dieser Phase befindet, und entsprechend darauf eingehen. Für viele neue Mitarbeiter ist die Ernüchterungsphase wegweisend für die eigentliche *Einarbeitungsphase*, in der er ins Team und das Unternehmen integriert wird.

6.2 Employer Branding

Mit Sicherheit ist Ihnen das *Employer Branding* schon ein Begriff. Es steht für den Aufbau und die Pflege von Unternehmen als Arbeitgebermarke. Welches Ziel verfolgt das *Employer Branding*? Angesichts des zunehmenden Personal- und Fachkräftemangels sowie des Wettbewerbs um Talente, denen sich viele Branchen und Unternehmen gegenübersehen, dienen der Aufbau und die Pflege einer Arbeitgebermarke dazu, sich gegenüber Mitarbeitern und möglichen Bewerbern als attraktiver Arbeitgeber zu präsentieren. Damit wird ein Beitrag zur Mitarbeitergewinnung und Mitarbeiterbindung geleistet. So viel zu Definition.

Was bedeutet das aber für Sie als Führungskraft? Es gilt sich bewusst zu machen, dass das *Employer Branding* nicht nur in der Verantwortung der Geschäftsleitung oder der Direktion liegt, sondern auch in derjenigen jedes einzelnen Mitarbeiters. Und insbesondere gilt dies für alle Führungskräfte.

Warum aber sind der Aufbau und die Pflege einer Arbeitergebermarke so wichtig? Noch vor einigen Jahren waren Unternehmen wie eine Blackbox: Was im Innern geschehen ist, ist nicht wirklich nach außen gedrungen. Durch die sozialen Medien ist heutzutage alles sehr viel transparenter und kann somit potenzielle neue Arbeitnehmer für das Unternehmen begeistern oder sie auch abschrecken. Wichtig ist in diesem Zusammenhang auch, dass das *Employer Branding* keine Aktionsoption ist, für die man sich gezielt entscheiden kann oder nicht – es findet statt, ob man es will oder nicht, und unabhängig davon, ob man sich dessen bewusst ist. Im Grunde ist das *Employer Branding* ein Gestaltungsprozess, bei dem man lediglich die Wahl hat, ob er einem aus der Hand genommen wird und durch andere stattfindet, oder ob man ihn selbst steuert.

6.3 Die Generationen X, Y und Z

Seit Jahren schon sind sie in aller Munde: die Generation X, die Generation Y und die Generation Z. Was ist darunter zu verstehen? Wie definiert man die verschiedenen Generationen?
Unabhängig davon, welcher Generation Sie selbst angehören: In diesem Kapitel geht es darum zu verstehen, wie Mitarbeiter und Vorgesetzte der einzelnen Generationen ticken und warum sie das auf unterschiedliche Weise tun. Vor allem aber geht es darum, ein besseres Verständnis zwischen diesen Generationen zu entwickeln.
Generation X: In den sozialen Netzwerken kursieren schon seit einiger Zeit diverse Videos mit dem Titel: »Wir sind Helden!« Diese Videos richten sich an alle Personen, die vor 1980 geboren sind, und sie beginnen mit folgender Aussage: Wenn wir als Kind in den Fünfziger-, Sechziger-, Siebziger- und Achtzigerjahren gelebt haben, ist es rückblickend kaum zu glauben, dass wir so lange überleben konnten! Wir sind Helden!

- Wir saßen im Auto ohne Kindersitz, ohne Sicherheitsgurt und ohne Airbag.
- Unsere Bettchen waren mit Farben voller Blei und Cadmium angestrichen.

- Die bunten Holzbauklötze steckten wir uns begeistert in den Mund.
- Die Fläschchen aus der Apotheke konnten wir ohne Schwierigkeiten öffnen, ebenso die Flasche mit dem Bleichmittel.
- Ein Fahrrad hatte keine Gangschaltung. Und wenn doch, dann nur eine mit drei Stufen.
- Wir verließen frühmorgens das Haus und kamen erst wieder heim, als die Straßenbeleuchtung bereits eingeschaltet war. In der Zwischenzeit wusste meistens niemand, wo wir waren und keiner von uns hatte ein Handy dabei. Keiner fragte nach der Aufsichtspflicht.
- Wir haben uns geschnitten, die Knochen gebrochen, uns Zähne ausgeschlagen, und niemand wurde deswegen verklagt. Das waren ganz normale, tägliche Unfälle, und manchmal bekam man hinterher sogar – als erzieherische Zugabe – noch eins auf den Hintern.
- Wir kämpften und schlugen einander manchmal grün und blau. Damit mussten wir leben, denn es interessiere die Erwachsenen nicht besonders.
- Wir hatten weder eine Playstation noch Nindendo, X-Box, Videos, DVDs, Dolby-Surround-Sound, iPods, eigene Fernseher, PCs und Internet, Jahreskarten im Fitness-Studio, Handys und so weiter. Aber wir hatten Freunde. Wir gingen einfach raus und trafen uns auf der Straße. Oder wir marschierten zu den anderen nach Hause und klingelten. Manchmal brauchten wir gar nicht zu klingeln und gingen einfach hinein. Ohne Termin und ohne Wissen unserer Eltern.
- Wir spielten Straßenfußball, und nur wer gut war, durfte mitspielen. Wer nicht gut genug war, musste zuschauen und lernen, mit Enttäuschungen umzugehen. Und das ging auch ohne Kinderpsychologen.
- Manche Schüler waren nicht so schlau wie andere. Sie rasselten durch Prüfungen und wiederholten Klassen. Das führte damals nicht zu emotionalen Elternabenden oder gar zur Änderung der Leistungsbeurteilung.

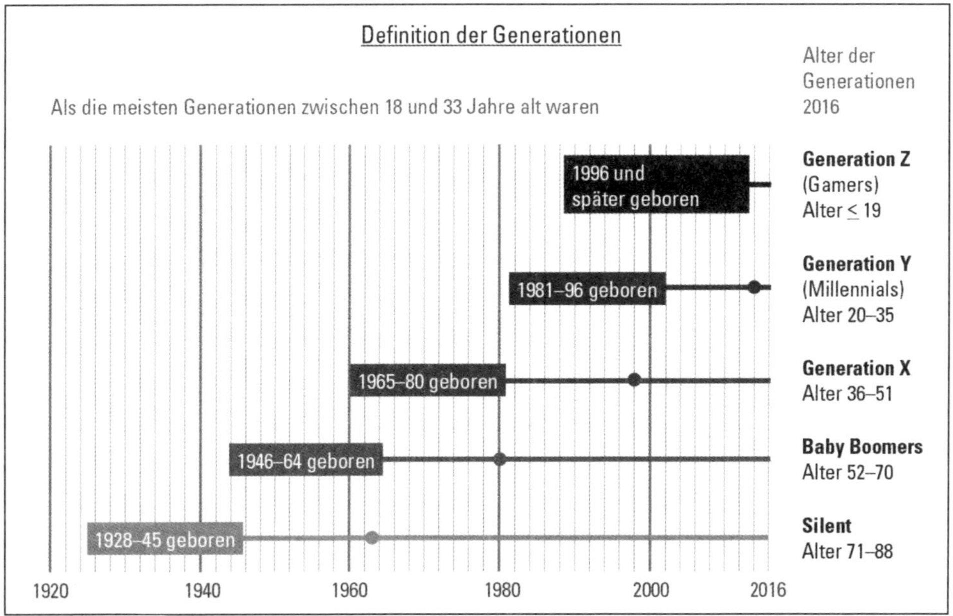

Abbildung 9: Definition der Generationen. – Die jüngsten Millennials sind Teenager. Es wurde kein zeitlicher Endpunkt für diese Gruppe gesetzt. Um eine klar abgegrenzte Gruppe zu definieren, sollen unter Millennials diejenigen verstanden werden, die 2014 zwischen 18 und 33 Jahre alt waren. (Quelle: PEW Research Center)

– Unsere Taten hatten manchmal Konsequenzen. Das war klar und keiner konnte sich verstecken. Wenn einer von uns gegen das Gesetz verstieß, war davon auszugehen, dass die Eltern ihn nicht automatisch aus dem Schlamassel herausboxten. Im Gegenteil. Sie waren oft der gleichen Meinung wie die Polizei.

Haben Sie einen Vorgesetzten aus der Generation X oder aus der Generation der *Baby Boomer*? Wenn ja, stellen Sie sich nun anhand dieser Beispiele vor, wie die Welt ausgesehen hat, als er in Ihrem Alter war, und vergleichen Sie diese nun mit derjenigen, in der Sie aktuell leben. Jede Generation ist geprägt von historischen sowie gesellschaftlichen Erfahrungen und Ereignissen. Diese beeinflussen enorm die persönliche Entwicklung, aber auch die Erwartungen und das Verhalten, die sie als Führungskräfte am Arbeitsplatz haben. Somit entstehen zwangsläufig auch immer Spannungen zwischen den Generationen, die aber nicht unbedingt auf die Personen oder deren Charakter zurückzuführen sind, sondern vielmehr auf die unterschiedlichen Paradigmen und die Sichtweisen, mit denen sie auf die Art der Mitarbeiterführung und somit auf die Arbeitswelt in Gesamten blicken. Diese Spannungen können aber erst dann gelöst werden, wenn wir versuchen, die jeweils andere Generation besser zu verstehen. Um eine wirklich erfolgreiche Führungskraft zu werden, geht es darum, Verständnis für sein Gegenüber aufzubringen, ganz egal, welcher Generation dieses angehört.

Wenn Sie selbst aus der Generation X kommen, werden Sie bestimmt die allermeisten Punkte für sich abgenickt haben. Für Sie gilt es nun, Verständnis für die Generationen Y und Z aufzubringen und zu verstehen, warum diese so ticken, wie sie es eben tun. Diesbezüglich gibt es ein schönes Zitat von Kerstin Bund, Wirtschaftsredakteurin bei der Wochenzeitung *Die Zeit*, mit dem sie die Generation Y beschreibt:

»Wir sind nicht faul. Wir wollen arbeiten. Nur anders. Mehr im Einklang mit unseren Bedürfnissen. Wir lassen uns im Job nicht versklaven, doch wenn wir von einer Sache überzeugt sind (und der Kaffeeautomat nicht streikt), geben wir alles. Wir suchen Sinn, Selbstverwirklichung und fordern Zeit für Familie und Freunde.«

Die Generation Y – auch »Millennials« genannt – macht die Mehrheit der heutigen Arbeitskräfte aus. Diese Generation revolutioniert auch die Art, wie wir in der heutigen Zeit arbeiten. Aber warum?

Die Generation Y ist im Vergleich zu den vorangegangenen Generationen natürlich in einer Zeit des Wohlstands aufgewachsen.

Sie kennt es in der Regel nicht, Wochen, Monate oder Jahre auf etwas hinzusparen. Sie ist es gewohnt, alles relativ schnell zu erhalten. Und das wiederum hat dazu geführt, dass Besitz für sie eine sehr viel geringere Wertigkeit hat. Auf die Arbeitswelt übertragen bedeutet dies, dass diese Generation in einer Zeit auf den Arbeitsmarkt gekommen ist, in der man nicht mehr hart arbeiten will, um sich erst irgendwann einmal in ferner Zukunft eine eigene Wohnung oder ein tolles Auto leisten zu können. Man möchte dies sofort nutzen.

Bleiben wir noch für einen kurzen Augenblick bei diesem Beispiel des Autos: Überlegen Sie kurz, welche Möglichkeiten frühere Generationen diesbezüglich hatten. Sehr wenige: Entweder man sparte so lange, bis man sich ein schönes Auto leisten konnte. Oder eben nicht. Heutzutage gibt es zahlreiche Optionen und Möglichkeiten – denken wir nur etwa an Leasing oder Langzeitmiete; und Modelle wie Carsharing ermöglichen es, am Wochenende bei Sonnenschein ein Cabrio zu fahren. Schon vor Jahren hat ein bekannter amerikanischer Ökonom Folgendes vorausgesagt: »Die Ära des Besitztums geht zu Ende und das Zeitalter des Zugangs wird beginnen.« Und somit sagen sich die Generationen Y und Z: »Wenn wir in der Zukunft zu so vielem Zugang haben werden, warum sollten wir es dann noch besitzen wollen?« Teilen wird somit das neue Haben sein, und auch das hat seine Auswirkungen auf den Arbeitsmarkt.

Natürlich hat das Internet einen ganz entscheidenden Einfluss auf diese Generationen. Sie sind aufgewachsen in einer Welt, in der fast alles sogleich und individuell auf ihre Bedürfnisse zugeschnitten verfügbar ist – immer nur einen Klick entfernt.

Auch die sehr unterschiedlichen Erziehungsmethoden der Eltern beeinflussen die Arbeitswelt enorm. Vielleicht haben Sie auch schon von den sogenannten Helikopter-Eltern gehört. Dieser inzwischen gängige Begriff beschreibt Eltern, die überfürsorglich mit ihren Kindern umgehen und sinnbildlich wie ein Helikopter über ihrem Nachwuchs schweben, um ihn vor potenziellen Gefahren zu schützen. Dazu gesellen sich neuerdings zwei weitere Formen: Rasenmäher-Eltern und Schneepflug-Eltern. Unter Rasenmäher-Eltern versteht man die Art von Erziehung, bei der Eltern immer häufiger in das Spiel oder die sozialen Begegnungen ihrer Kinder eingreifen. Sie entfernen sozusagen mögliche Hindernisse, bevor ihr Kind darüber stolpern könnte, sie ebnen den Weg. Eine Spur extremer sind die Schneepflug-Eltern, die ihren Kindern sprichwörtlich alles aus dem Weg räumen, sodass die Heranwachsenden noch nicht einmal die Möglichkeit haben, sich Konflikten zu stellen.

Hinsichtlich des Konfliktmanagements liegen zwischen den Generation X der *Baby Boomer* sowie Y und Z regelrecht Welten. Frühere Generationen mussten sich sehr viel früher und auf eine andere Art und Weise Konflikten stellen. Schauen wir uns diesbezüglich nur unsere ersten Beziehungen an, die wir als Jugendliche hatten. Die Generation X hatte noch nicht die Möglichkeit, eine Beziehung per *WhatsApp* zu beenden. Sie musste sich der Situation stellen. Um Konflikten und unangenehmen Situationen aus dem Weg zu gehen, greifen aber Jugendliche der nachfolgenden Generation immer wieder zu solchen Möglichkeiten. Diese Optionen, die den Jugendlichen heutzutage zur Verfügung stehen, beeinflussen stark ihr Verhalten, wenn sie in der Arbeitswelt auf Konflikte treffen.

Millennials sind weitaus mobiler als jede andere Generation vor der ihren, sie lehnen traditionelle, von oben herab gesteuerte Unternehmensstrukturen ab und verlangen nach Mitbestimmung am Arbeitsplatz. Sie sind bereit, Leistungen zu erbringen, aber sie erwarten neben einem guten Gehalt, dass das Arbeiten auch Spaß macht und sich Arbeit, Freizeit und Familie optimal kombinieren lassen.

Eine Führungskraft aus der Generation X ist in den allermeisten Fällen noch in sehr hierarchischen Unternehmensstrukturen groß geworden; für sie war das die Normalität. Heutzutage ist die Hierarchie sehr viel flacher. Früher war Pünktlichkeit noch eine »Tugend«. Heute geht es vielmehr darum, den Job zu erledigen – wann, das möchte der Mitarbeiter selbst entscheiden. Durch das

konkurrenzgeprägte Umfeld haben nicht nur Arbeitnehmer hohe Forderungen an ihre Arbeitgeber; vielmehr beruht das auf Gegenseitigkeit. Die junge Generation Y bringt durch ihre Art, anders aufgewachsen zu sein, hohe Erwartungen, Forderungen und Hoffnungen mit auf den Arbeitsmarkt.
An dieser Stelle darf ich Ihnen sagen, dass auch ich persönlich lange gebraucht habe, die Generationen Y und Z zu verstehen. Ich habe den großen Fehler gemacht, von mir auf andere zu schließen. Das ist generell nicht sonderlich ratsam. Ich habe mir nicht ausreichend bewusst gemacht, dass die Zeit, als ich in die Arbeitswelt einstieg, einfach komplett anders war, als sie es heute ist. Erst nachdem ich angefangen habe zu verstehen, warum in der heutigen Zeit Mitarbeiter sich so verhalten, wie sie es eben tun, konnte ich meine Mitarbeiter in einer anderen und vielleicht auch zeitgemäßeren Art führen.

6.4 Das erste Gehaltserhöhungsgespräch

Im Lauf Ihrer Berufskarriere werden Sie von Ihren Mitarbeitern auch mit dem Wunsch nach Gehaltserhöhungen konfrontiert werden. Insbesondere bei einem Führungswechsel sehen manche Mitarbeiter eine Chance, ihr Gehalt aufzubessern. Langjährige Mitarbeiter, die eine konstant gute Leistung und hohen Einsatz gezeigt haben, werden sich auch irgendwann nach einer möglichen Verbesserung ihrer Bezüge erkundigen. Doch Sie werden nicht jedes Mal in der Lage sein, einem solchen Wunsch nachkommen zu können.
In diesem Kapitel geht es darum, trotz dieser Tatsache ein wertschätzendes Gespräch mit Ihrem Mitarbeiter führen zu können, indem Sie Transparenz und eine Perspektive schaffen sowie Alternativen zu einem höheren Gehalt aufzeigen. Wie so ein Gespräch abläuft und ausgeht, das wird nämlich einen großen Einfluss auf die Motivation Ihres Mitarbeiters haben. Das Gehalt ist zwar nie der einzige Faktor, jedoch nach wie vor ein sehr wichtiger. Wenn ein Mitarbeiter das Gefühl hat, nicht angemessen bezahlt zu wer-

den, wird mittel- und langfristig seine Motivation und damit auch die Produktivität darunter leiden.

Generell sollten Sie sich für ein so sensibles Thema wie das Gehalt Ihres Mitarbeiters immer ausreichend Zeit für die Vorbereitung und Durchführung des anstehenden Gespräches nehmen. Auch wenn Sie bereits im Vorfeld wissen, dass Sie die Gehaltserhöhung letzten Endes ablehnen werden, ist es von enormer Wichtigkeit, Ihrem Mitarbeiter zu vermitteln, dass Sie seinen Wunsch sehr ernst nehmen. Es darf bei ihm nie das Gefühl aufkommen, abgefertigt worden zu sein. Hören Sie sich seine Argumente aufmerksam an und führen Sie eine offene Gehaltsverhandlung auf Augenhöhe.

Wenn es Ihnen in diesem Moment nicht möglich ist, Ihrem Mitarbeiter finanziell entgegenzukommen, obleich dies verdient und gerechtfertigt wäre, sollten Sie nach Möglichkeiten suchen, ihm zumindest auf anderem Weg Ihre Wertschätzung zu zeigen. Bieten Sie ihm zum Beispiel Benefits wie mehr Urlaubstage, Home-Office-Tage, Zuschüsse für Weiterbildungen und Fahrtkosten oder Ermäßigungen bei Partnerfirmen Ihres Unternehmens an. Signalisieren Sie auf diese Weise, dass Sie eine Lösung finden wollen.

Eine weitere Möglichkeit besteht darin, eine Gehaltserhöhung an Ziele zu knüpfen. Dies setzt aber voraus, dass Sie ehrlich und transparent über Zahlen sprechen. Diesbezüglich werden die Informationen in den Kapiteln 4.2 (»Mitarbeiterführung anhand von Zielen«) und 5.6 (»Zielvereinbarungsgespräche«) für Sie von Nutzen sein.

Versuchen Sie aber auch zwischen den Zeilen zu lesen. In den allermeisten Fällen ist es ziemlich offensichtlich, dass es dem Mitarbeiter um eine finanzielle Aufwertung geht. Seine Gehaltserhöhungsanfrage kann jedoch auch andere Gründe haben: Vielleicht empfindet er sich und seine Arbeit grundsätzlich als zu wenig wertgeschätzt. Oder er ist über irgendetwas sehr frustriert und möchte dies durch mehr Geld kompensieren. Fragen Sie in solchen Fällen gezielt nach, um so Ihren Mitarbeiter besser fördern zu können.

6.5 Abmahnung und Kündigung

6.5.1 Eine Abmahnung aussprechen

Es ist zu erwarten, dass Sie sich als Führungskraft früher oder später in der Situation befinden, eine Abmahnung aussprechen zu müssen. Die Abmahnung hat im Arbeitsrecht in erster Linie die Funktion, dem Arbeitnehmer deutlich zu machen, dass er mit einem bestimmten Verhalten gegen die Pflichten aus seinem Arbeitsvertrag verstößt und dies in Zukunft nicht mehr ohne Konsequenzen akzeptiert wird. Die Abmahnung stellt in diesem Sinn eine letzte Warnung vor einer verhaltensbedingten Kündigung dar, die aber immer das letzte Mittel ist. Bei einem Abmahngespräch ist eine gute Vorbereitung mindestens ebenso wichtig wie das Gespräch selbst.
Der erste Schritt muss immer die Prüfung des Vorfalls unter rechtlichen Aspekten sein. Ob er überhaupt abmahnungswürdig ist, sollte die Personalabteilung klären. Sodann gilt: Emotionen raus und einen Termin festlegen! Als Führungskraft würde man den Mitarbeiter am liebsten sofort ins Büro zitieren und die Abmahnung so schnell wie möglich aussprechen. Doch das wäre der falsche Schritt. Sie müssen lernen, Ihre Emotionen im Griff zu behalten. Kündigen Sie also einen Termin an, der aber nicht länger als einen Tag in der Zukunft liegen sollte.
Machen Sie sich im Vorfeld genaue Gedanken, was Sie in diesem Gespräch zum Ausdruck bringen wollen. Es sollte das Ziel Ihres Abmahngesprächs sein, dem Mitarbeiter zu verdeutlichen, dass man derartige Fehltritte unter keinen Umständen akzeptiert.
Auch während des Gesprächs gilt es, eigene Emotionen aus dem Spiel zu lassen, mag es Ihnen auch noch so schwerfallen. Versuchen Sie vielmehr, das Gespräch sachlich, klar und konsequent zu führen. Je besser Sie sich darauf vorbereitet haben, desto leichter wird es Ihnen auch gelingen.
Bei einem Abmahngespräch geht es nicht darum, dem Mitarbeiter stundenlang die Leviten zu lesen oder eine regelrechte Stand-

pauke zu halten. Warum? Weil er bereits nach den ersten Minuten auf Durchzug schalten würde. Andererseits zielt ein Abmahngespräch nicht auf einen Dialog ab, sondern es geht um eindeutige Botschaften und Forderungen. Formulieren Sie klare Erwartungen, wie die Zusammenarbeit von nun an auszusehen hat. Sprechen Sie das Fehlverhalten präzise an und artikulieren Sie die mögliche Konsequenz deutlich, wie beispielsweise: »Wenn das noch einmal vorkommt, leiten wir weitere arbeitsrechtliche Schritte ein.«

Lassen Sie sich folglich auch auf keine Debatten und Diskussionen ein. Viele Mitarbeiter gehen in solchen Fällen in eine Verteidigungshaltung über, suchen nach Erklärungen, Gründen und vor allem Ausreden – alles, was wahrscheinlich in früheren Gesprächen bereits thematisiert worden ist.

Um Gewissheit zu erlangen, dass der Mitarbeiter den Sinn der Abmahnung auch verstanden hat, kann man ihn zum Abschluss des Gesprächs fragen, was genau er daraus mitnimmt. Auf diese Weise ist er gezwungen, den Abmahnungsgrund zu wiederholen, und Sie können sicherstellen, dass er ihn auch realisiert hat.

6.5.2 Eine Kündigung aussprechen

Unabhängig davon, ob Sie einem Mitarbeiter betriebsbedingt oder aufgrund eines Fehlverhaltens kündigen müssen: Ein Kündigungsgespräch stellt immer eine besondere Situation dar. Als Führungskraft liegt es auch in Ihrer Verantwortung, solche Hiobsbotschaften zu überbringen. Und definitiv zählt es auch zu Ihren Aufgaben, diese Situation nicht noch schlimmer zu machen.

Da bei einem Kündigungsgespräch Emotionen eine große Rolle spielen, gilt es, sich bestmöglich darauf vorzubereiten. Je besser Ihnen das gelingt, desto leichter wird es Ihnen fallen, Ihre eigenen Emotionen zu kontrollieren und mit denen Ihres Mitarbeiters umzugehen.

Bei der Vorbereitung sollten Sie somit versuchen, die wichtigsten Sätze vorzuformulieren. Schreiben Sie sich diese auf und üben

Sie sie durch mehrfaches Aussprechen ein. In der tatsächlichen Gesprächssituation werden sie Ihnen umso einfacher über die Lippen gehen.
Bei der Gesprächseröffnung ist es wichtig, sich kurz zu fassen. Kommen Sie ohne große Umschweife direkt zum Thema: »Herr Müller, ich möchte heute mit Ihnen über Ihr Arbeitsverhältnis sprechen.« Sodann ist es ratsam, direkt zur Sache zu kommen, ohne lang um den heißen Brei herum zu reden. In Ihren vorformulierten Sätzen muss die Kündigungsbotschaft unmissverständlich vermittelt werden. Formulieren Sie Ihre Aussage klar und deutlich. Der weitere Verlauf des Gesprächs hängt natürlich ganz davon ab, wie Ihr Gegenüber reagieren wird. Hat es diese Botschaft schon kommen sehen oder fällt es aus allen Wolken? Jedenfalls reagieren Mitarbeiter sehr unterschiedlich. Gekündigt zu werden, bedeutet für Ihren Mitarbeiter eine absolute Ausnahme- und Krisensituation. Von anderen derartigen Situationen wissen wir, dass Menschen sehr unterschiedlich damit umgehen. Die Bandbreite reicht vom Schockzustand über Fassungslosigkeit, Unverständnis, Nicht-wahrhaben-Wollen oder Tränen bis hin zu regelrechten Wutausbrüchen, aber auch zu Gelassenheit.
Hierbei ist es wichtig, die Emotionen/Reaktionen, so unberechenbar sie auch sein mögen, zu akzeptieren, ohne sie zu bewerten oder zu beschwichtigen. Geben Sie ihrem Mitarbeiter die Zeit, diese Nachricht zu realisieren. Seien Sie darauf vorbereitet, ihm ein Glas Wasser oder Taschentücher zu reichen. Zeigen sie Verständnis und Mitgefühl, etwa durch Formulierungen wie: »Ich sehe, wie hart Sie diese Nachricht trifft.« Oder: »Ich kann gut verstehen, dass Sie von dieser Nachricht überrascht sind.«
Sobald der Mitarbeiter sein emotionales Gleichgewicht halbwegs wiedergefunden hat, erläutern Sie die Gründe, die zur Kündigung geführt haben. Wichtig ist es hierbei, sich klar zu machen, dass über die Kündigung als solche nicht mehr verhandelt werden kann. Finden Sie also klare Worte, um zu untermauern, dass diese hiermit definitiv ausgesprochen und somit rechtskräftig ist. Als nächsten Schritt müssen Sie das weitere Vorgehen mit dem

Gekündigten abstimmen. Dies ist natürlich sehr davon abhängig, ob eine Kündigung fristlos erfolgt oder ob beispielsweise die Möglichkeit zur Freistellung besteht. Sprechen Sie auch die Frage eines Arbeitszeugnisses an. Bieten Sie an, sollte es der Fall erlauben, auch als Referenz zur Verfügung zu stehen.
Sobald diese Formalitäten besprochen sind, leiten Sie zum Gesprächsabschluss über, indem Sie Ihrem Mitarbeiter signalisieren, dass Sie jederzeit für weitere Fragen zur Verfügung stehen.
In der nun folgenden Nachbereitungsphase wird von Führungskräften häufig ein großer Fehler begangen. Nachvollziehbarerweise ist auch eine Führungskraft nach solch einem stark emotionalen Gespräch selbst erst einmal einfach nur froh, dass es vorüber ist. Viele Führungskräfte fühlen sich nach ihrer ersten Kündigung ausgelaugt und ziehen sich zurück. Vergessen Sie hierbei aber nicht die so immens wichtige interne Kommunikation mit Ihren anderen Mitarbeitern. Planen Sie deshalb noch vor dem Gespräch, wie Sie diesbezüglich zu handeln beabsichtigen. Legen Sie vorab eine Strategie fest, auf welche Weise Sie Ihre anderen Mitarbeiter über diese Kündigung informieren wollen. Unterlassen Sie das, so könnten sich innerhalb Ihrer Abteilung und Ihres Betriebes die wildesten Spekulationen über den Kündigungsgrund entwickeln. Zeigen Sie auch diesbezüglich Führungsqualität, indem Sie am besten zeitnah ein kurzes Team-Meeting einberufen, in dem Sie Ihren Mitarbeitern die Hintergründe der Entscheidung persönlich und unmissverständlich erklären.

6.6 Das Exit-Gespräch

Im vorangegangenen Kapitel haben wir die Problematik der Kündigung aus der Sicht des Arbeitgebers beziehungsweise aus Ihrer Perspektive als Führungskraft betrachtet. Nun behandeln wir den umgekehrten Fall der Kündigung durch den Mitarbeiter. Eine solche Kündigung kann viele mögliche Gründe haben. Es stellt ein großes Problem dar, dass Arbeitgeber selten versuchen, diese Gründe wirklich herauszufinden oder gar zu hinterfragen. Sie

wird hingenommen und der Fokus richtet sich sofort auf die Suche nach einem Ersatz. Dabei wird die große Chance vertan, die mittels eines professionell durchgeführten Exit-Gesprächs genutzt werden könnte.
Im Leben sollte man sich immer eine Tür offen lassen, heißt es bekanntermaßen. Genau das ist auch schon die größte Problematik bei Exit-Gesprächen. Verständlicherweise möchte ein Mitarbeiter im Guten aus dem Unternehmen ausscheiden, und deshalb wird er sich mit kritischen Äußerungen zurückhalten. Damit ein Exit-Interview gut verläuft und Sie dennoch ein wertvolles Feedback erhalten, müssen Sie das Gespräch auf eine persönliche Ebene bringen. Vermitteln Sie Ihrem scheidenden Mitarbeiter, dass für Sie sein ehrliches und gerne auch kritisches Feedback sehr wichtig ist, damit Sie etwas im Unternehmen verändern zu können.
Wenn Sie die Kündigung bedauern und sich eine weitere Zusammenarbeit mit diesem Mitarbeiter in Zukunft wünschen würden, signalisieren Sie dies auch entsprechend. Eine Geste, die mich diesbezüglich persönlich nachhaltig sehr beeindruckt hat, war folgende: Ein ehemaliger Arbeitgeber übergab mir im Exit-Gespräch, nachdem ich gekündigt hatte, einen Blanko-Arbeitsvertrag, den er bereits unterschrieben hatte, als symbolisches Zeichen dafür, dass ich jederzeit wieder willkommen sei. Er würde mich als Person schätzen und es sehr begrüßen, wenn ich jetzt geradeheraus mein Feedback geben würde und ihm nicht nur das sagte, von dem ich dächte, dass er es gerne hören möchte.
Im Folgenden finden Sie einige Fragen, die Sie in einem Exit-Gespräch verwenden können:

- Was hat Ihnen im Unternehmen besonders gut gefallen?
- Was hat Sie gestört und warum?
- Wie beurteilen Sie das Führungsverhalten Ihres direkten Vorgesetzten?
- Wie war Ihr Verhältnis zu Ihrem direkten Vorgesetzten?
- Hat man Ihnen die Gelegenheit gegeben, eigene Ideen oder Verbesserungsvorschläge einzubringen?
- Wie beurteilen Sie das Betriebsklima in der Abteilung?

- Wie beurteilen Sie das Betriebsklima im gesamten Unternehmen?
- War Ihr Aufgabengebiet abwechslungsreich / interessant / klar definiert / richtig verteilt? Was hat Ihnen daran gefallen, was nicht?
- Fanden Sie, dass Ihr Gehalt angemessen war?
- Wie bewerten Sie die Weiterbildungsmöglichkeiten / Arbeitszeiten / Work-Life-Balance, Incentives, Aufstiegsmöglichkeiten etc.?
- Wenn Sie etwas in unserem Unternehmen verändern könnten, was wäre das?
- Was könnte das Unternehmen tun, um die Mitarbeiterbindung zu erhöhen?
- Welchen Rat würden Sie Ihrem Nachfolger geben?
- Was hätte man im Vorfeld tun können, damit Sie geblieben wären?
- Was hat Sie an Ihrer neuen, zukünftigen Position besonders gereizt? (Dies für den Fall, dass der Arbeitnehmer in ein anderes Unternehmen wechselt.)

Ein Exit-Gespräch ist aber erst dann wirklich sinnvoll, wenn Sie es auch analysieren und daraus entsprechende Maßnahmen ableiten. Vergleichen Sie Ihre Analysen mit anderen Gesprächen. Wiederholen sich die Kündigungsgründe, wie etwa schlechte Fortbildungsmöglichkeiten oder fehlende Karriereperspektiven? Gewinnen Sie einen konkreten Anhaltspunkt, wo Sie ansetzen können.

7 Was kommt danach?

Der nächste Karrieresprung rückt nun ins Blickfeld. Sie werden jetzt vielleicht sagen: »Wie jetzt? Jetzt lassen Sie mich doch erst einmal diese Herausforderung bewältigen.« Da gebe ich Ihnen auch recht! Alles der Reihe nach! Dennoch weiß ich um die unglaubliche Kraft von Zielen. Haben Sie keine Angst vor zu großen Zielen und begehen Sie nicht den Fehler, sich selbst zu wenig zuzutrauen. Erinnern Sie sich stets daran, dass nur Sie selbst Ihre Grenzen bestimmen.

Menschen zu führen bedeutet, Menschen zu verstehen. Verstehen setzt voraus, sich Zeit zu nehmen. Mit dem Lesen dieses Buches haben Sie somit schon eines deutlich unter Beweis gestellt: Sie haben sich die Zeit genommen, etwas Neues zu lernen und zu erfahren, und Sie haben sich die Zeit genommen, über sich selbst zu reflektieren. Für alles im Leben braucht es Zeit. Die große Aufgabe liegt aber darin, sich diese Zeit auch zu nehmen.

Wie wir im Kapitel 5.5 (»Das erste Feedback-Gespräch nach dem Ende der Probezeit«) beschrieben haben, benötigen Mitarbeiter ein regelmäßiges Feedback, um sich selbst weiterentwickeln zu können. Dasselbe gilt auch für meine Person. Deshalb würde ich mich über Ihre Rückmeldungen sehr freuen. Gerne erreichen Sie mich per E-Mail unter peter.werth@pw-consulting.net oder über meine Homepage unter www.pw-consulting.net.

Und nun wünsche ich Ihnen von ganzem Herzen viel Erfolg für Ihre berufliche Karriere!

Ihr Peter Werth

Quellen

Der Inhalt eines Buches wie des vorliegenden speist sich aus vielen Quellen. Die Grundlage bilden natürlich die Erfahrungen, die ich selbst im Verlauf meines bisherigen Berufslebens gemacht habe. Sie geben mir die Sicherheit und die Gewissheit, dass alles, was hier an theoretischem Wissen vermittelt wird, auch wirklich die Bewährungsprobe der täglichen Praxis bestanden hat. Dennoch verdanke auch ich, wie jeder andere Autor, der sich mit dem Thema der Personenführung in Unternehmen auseinandersetzt, vieles den Erkenntnissen, die andere vor mir gewonnen und vermittelt haben und die ich nachfolgend ausweisen möchte.
P. W.

Anregungen für den Abschnitt 3.1.2 (»Abschied nehmen von Kollegen«, S. 18 ff.) habe ich aus dem Internet bezogen: https://www.personalwirtschaft.de/

Gleiches gilt für den Abschnitt 3.2.1 (»Die verschiedenen Definitionen und die Bedeutung von Führung«, S. 20–23): https://projekte-leicht-gemacht.de/

Die Abbildung 1 (S. 23) geht zurück auf die folgende Quelle im Internet: https://projekte-leicht-gemacht.de/blog/pm-methoden-erklaert/kraftfeldanalyse/

Auch beim Abschnitt 3.3 (»Den eigenen Führungsstil entwickeln«, S. 26–36) habe ich Hinweise aus dem Internet aufgegriffen: https://karrierebibel.de/

Der Text des Abschnitts »Don’t be the Answer Man!« (S. 33 f.) folgt einer Darstellung des ehemaligen US-Navy-Kapitäns David Marquet: https://www.youtube.com/watch?v=OqmdLcyES_Q

Die Übung auf S. 40 f. geht zurück auf folgende Internet-Quelle:

https://www.focus.de/finanzen/videos/haetten-sie-es-gewusst-auf-diese-fiese-frage-im-vorstellungsgespraech-gibt-es-genau-eine-gute-antwort_id_5056843.html

Die Anregung, das Beispiel des Volleyball-Trainers Julio Velasco heranzuziehen (S. 44 f.), verdanke ich dessen eigener Darstellung »L'importanza di assumersi le responsabilità« auf Youtube:
https://www.youtube.com/watch?v=9GIqFIgY8sc

Als Vorlage für die Abbildung 2 (S. 53) diente die Internet-Quelle https://www.lucidchart.com/pages/de/was-ist-ein-entscheidungsbaum

Im Abschnitt »Erfolg« (S. 60–66) habe ich Gedanken von Mike Dierssen aufgegriffen.

Als Vorlage für die Abbildung 7 (S. 89) diente die Internet-Quelle https://www.landsiedel-seminare.de/coaching-welt/wissen/selbstcoaching/tagesplanung-mit-alpen-methode.html

Zur näheren Veranschaulichung dessen, was die »Generation X« kennzeichnet (S. 141 ff.), wurde das folgende Internet-Video herangezogen:
https://www.youtube.com/watch?v=G3AYi1H6ddw

Das Zitat, mit dem auf S. 144 die »Generation Y« charakterisiert wird, stammt aus einem Artikel von Kerstin Bund in: DIE ZEIT, Ausgabe Nr. 10/2014 vom 27. Februar 2014.